寝殿造りの庭と文化

秘伝書を読む「作庭記」

波多野 寛 著

誠文堂新光社

秘伝書を読む「作庭記」

目次

はしがき

本書は平安時代の庭づくりの秘伝書『作庭記』の解読を試みたものです。その原本は伝世しませんので、底本には最古の写本とされる『谷村家本』を使用し、校合する異本は次の四書を採用しました。(1)『群書類従本』(2)『山水抄』(3)仮称『無動寺甲本』（旧無動寺蔵『祇園経山水並野形図』所収の『山水抄』系統の抄本）(4)仮称『無動寺乙本』（同書所収の『谷村家本』系統の写本）

『谷村家本』には文章の不備がいたる所にありますが、それらは異本と校合してすべての誤りを正し、定本の形にして通読できるようにしました。本書にある現代語訳は、これを本に古典文法に則って正確に訳したものです。『作庭記』の成立年代はおおむね十二世紀とされ、この時代の貴族の日記や記録類は変体漢文で書かれることが多かったので、『作庭記』の原本もこの書体で書かれていた確率が高く、それを読み下しながら相伝されたために、このような夥しい数の不備が生じたのではないかと推考します。本書『秘伝書を読む』はこの仮説に基づいて論考が進められています。

異本の出典

(1)『群書類従』第十九巻所収「作庭記」（続群書類従完成会）
(2)小林文次「『山水抄』について」『日本古代学論集』（財団法人古代学協会）
(3)「童子口伝書つき山水並野形図」『美術研究』二五〇号（東京文化財研究所）
(4)山門無動寺蔵『祇園経並作庭記』（叡山文庫）

第一部　定本『作庭記』本文

一

石を立てむ事、先づ大旨を心得可き也。

一、地形に依り池の姿に従ひて寄り来る所々に風情を廻らして、生得の山水を思はへて、其の所々は然こそ在りしかと思ひ寄せ思ひ寄せ立つ可き也。

一、昔の上手の立て置きたる有様を跡として、家主の意趣を心に懸けて、我が風情を廻らして立つ可き也。

一、国々の名所を思ひ廻らして、面白き所々を我が物に成して、大姿を其の所に擬へて和らげ立つ可き也。

殿舎を造る時其の荘厳の為に山を築きしと、是も祇園図経に見えたり。

池を掘り石を立てむ所には、先づ地形を見立て、便りに従ひて池の姿を掘り島々を造り、池へ入るる水落ち並びに池の尻を出だす可き方角を定む可き也。

南庭を置く事は、階隠しの外の柱より池の汀に至る迄六七丈、若し内裏の儀式ならば八九丈にも及ぶ可し。拝礼の事用意有る可き故也。但し、一町の家の南面に池を掘らむに庭を八九丈置かば、池の心幾許成らざらむか。能く能く用意有る可し。堂社等には四五丈も難有る可からず。

又、島を置く事は、所の有様に従ひ、池の寛狭に依る可し。但し、然る可き所ならば、法として島の先を寝殿の半ばに当てて、後ろに楽屋を有らしめむ事用意有る可し。楽屋は七八丈に及ぶ事なれば島は構へて広く置かまほしけれど、池に依る可き事なれば、引き下がりたる島等を置きて仮板敷を敷き続く可き也。仮板敷を敷く事は島の狭き故也。如何にも楽屋の前に島の多く見ゆ可き也。然れば、其の所を措きて、不足の所に仮板敷をば敷く可きとぞ承り置きて侍る。

又、反橋の下の晴れの方より見えたるは世に悪き事也。然れば、橋の下には大きなる石を数多立つる也。

又、島より橋を渡す事は、正しく階隠の間の中心に当つ可からず。筋違へて、橋の東の柱を階隠しの西の柱に当つ可き也。

又、山を築き野筋を置く事は、地形に依り池の姿に従ふ可き也。

又、透渡殿の柱をば短く切り成して、厳めしく大きなる山石の才有るを立てしむ可き也。

又、釣殿の柱には大きなる石を据ゑしむ可し。

又、池並びに島の石を立てむには、当時水を引せて見む事叶ひ難くは、水準を据ゑしめて、釣殿の簀の子の下桁と水の面との間四五寸有らむ程を計らひて所々に砌印を立て置きて、石の底へ入り水に隠れむ程、水の面より出でむ程を相計らひ立つ可き也。

池の石は、底より強く持堪へたる根石詰石を据ゑ置きて立て上げつれば、年を経れども崩れ倒るる事無し。水の干たる時も猶面白く見ゆる也。

島を置く事も、始めより其の姿に切り立てて掘り置きつれば、其の岸に切り欠き切り欠き立てつる石は、水引せて後其の岸潤びて立てたる石保つ事無し。只大姿を取り置きて、石を立てて後次第に島の形に刻み成す可き也。

又、池並びに遣水の尻は未申の方へ出だす可し。青竜の水を白虎の方へ出だす可き故也。

池尻の水落ちの横石は、釣殿の簀の子の下桁の下端より水の面に至る迄四五寸を常に有らしめて、其れに過ぎぬれば流れ出でむ程を計らひて据ふ可き也。

凡そ、滝の左右島の崎山の辺の外は高き石を立つる事は稀なる可し。中にも、庭上に屋近く三尺に余りぬる石を立つ可からず。是を犯しつれば、主居留まる事無くして終に荒廃の地と成る可しと言へり。

又、離石は荒磯に置き、山の崎島の崎に立つ可きとか。離石の根には、水の上に見えぬ程に大きなる石を両つ三つ三つ鼎に掘り沈めて、其の中に立てて詰石を打ち入る可し。

一、池も無く遣水も無き所に石を立つる事有り。是を枯山水と名付く。其の枯山水の様は、片山の岸或いは野筋等を造り出でて、其れに取り付きて石を立つる也。

又、偏に山里等の様に面白く為むと思はば、高き山を屋近く設けて、其の山の頂より裾様へ石を少々立て下して、此の家を造らむと山の片側を崩し地を引きける間、自ら掘り現されたりける石の底深き常滑にて掘り除く可くも無くて、その上若しは石の片角等に束柱をも切り掛けたる体に為可き也。

又、物一つに取り付き、小山の崎樹の元束柱の辺等に石を立つる事有る可し。但し、庭の面には、石を立て前栽を植ゑむ事、階の下の座等敷かむ事用意有る可きとか。

総て、石は立つる事は少なく臥する事は多し。然れども石臥せとは言はざるか。

二

石を立つるには様々有る可し。大海の様、大河の様、山河の様、沼池の様、葦手の様等也。

一、大海の様は、先づ荒磯の有様を立つ可き也。其の荒磯は、岸の辺に端無く先出でたる石共を立てて汀を床根に成して、立ち出でたる石を数多沖様へ立て渡して、離れ出でたる石も少々有る可し。是は、皆波の厳しく掛くる所にて洗ひ出だせる姿なる可し。扨、所々に洲崎白浜見え渡りて、松等も有らしむ可き也。

一、大河の様は、其の姿竜蛇の行ける道の如く成る可し。先づ石を立つる事は、先づ水の曲がれる所を始めとして、母石の才有るを一つ立てて、其の石の乞はむを限りと為可し。其の次々を立て下す可き事は、水は向かふ方を尽くす物なれば山も岸も保つ事無し。其の石に当たりぬる水は其の所より折れ若しは撓みて強く行けば、其の末を思はへて又石を立つ可き也。其の末々は、此の心を得て次第に風情を変へつつ立て下す可し。石を立てむ所々の遠近多少は、所の有様に従ひ当時の意楽に依る可し。水は左右詰まりて細く落ち下る所は速ければ、少しき広まりに成りて水の行き弱る所に白洲をば置く也。中石は然の如きなる所に置く可し。如何にも中石現れぬれば、其の石の下様に洲をば置くなる可し。

一、山河の様は、石を繁く立て下して、此処彼処に伝石有る可し。又、水の中に石を立てて左右へ水を分かちつれば、其の左右の汀には掘り沈めたる石を有らしむ可し。已上の両つの河の様は遣水に用ゐる可き也。遣水にも、一つを車一両に積み煩ふ程なる石の良き也。

一、沼池の様は、石を立つる事は稀に為て、此処彼処の入江に葦かつみ菖蒲燕子花様の水草を有らしめて、取り立てたる島等は無くて水の面を渺々と見す可き也。凡そ、沼池と言ふは溝の水の入り集まれる溜まり水也。然れば、水の出入りの所有る可からず。水をば思ひ懸けぬ所より隠し入る可き也。又、水の面を高く見す可し。

一、葦手の様は、山等は高からず為て、野筋の末池の汀等に石を所々立てて、其の脇々に小笹山菅様の草を植ゑて、樹には、梅柳等の嫋やかなる木を好み植う可し。総て、此の様は平らかなる石を品文字等に立て渡して、其れに取り付き取り付き、いと高からず繁からぬ前栽共を植う可きとか。

石の様々をば一筋に用ゐ立てよとには非ず。池の姿地の有様に従ひて一つ池に彼此の様を引き合はせて用ゐる事も有る可し。池の広き所島の辺等には海の様を学び、野筋の上には葦手の様を学び等して只寄り来るに従ふ可き也。能くも知らぬ人の何れの様ぞ等問ふはいとをかし。

一、池河の汀の様々を言ふ事

鋤先、鍬形　池並びに河の汀の白浜は、鋤先の如く尖り、鍬形の如く彫り入る可き也。此の姿を成す時は、石をば打ち上がりて立つ可し。

池の石は海を学ぶ事なれば、必ず岩根波返の石を立つ可し。

三 島の姿の様々を言ふ事

山島、野島、杜島、磯島、雲形、霞形、洲浜形、片流、干潟、松皮等也。

一、山島は、池の中に山を築きて、入れ違へ入れ違へ高下を有らしめて常磐木を繁く植う可し。前には白浜を有らせて、山際並びに汀に石を立つ可し。

一、野島は、引き違へ引き違へ野筋を遣りて、所々に小背許差し出でたる石を立てて、其れを便りとして秋の草等を植ゑて、隙々には苔等を伏す可き也。是も、前には白浜を有らしむ可し。

一、杜島は、只平地に樹を疎らに植ゑ満てて、木繁くは下を透かして、樹の根に取り付き取り付き目に立たぬ程の石を少々立てて、芝をも伏せ砂子をも散らす可き也。

一、磯島は、立ち上がりたる石を所々に立てて、其の石の乞はむに従ひて波打の石を荒らかに立て渡して、其の高き石の隙々に、いと高からぬ松の老いて勝れたる姿なるが緑深きを所々植う可き也。

一、雲形は、雲の風に吹き流されて聳き渡りたる姿に為て、石も無く植ゑ木も無くて直白洲にて在る可し。

一、霞形は、池の面を見渡せば浅緑の空に霞の立ち渡れるが如く、二重三重にも入れ違へて、細々と此処彼処手切れ渡り見ゆ可き也。是も、石も無く植ゑ木も無き白洲なる可し。

一、洲浜形は常の如し。但し、事美はしく紺の文等の如く成るは悪し。同じ洲浜形なれども、或いは引き伸べたるが如し、或いは歪めたるが如し、或いは背中合はせに打ち違へたるが如し、或いは洲浜の形かと見ゆれども流石に在らぬ様に見ゆ可き也。是に、砂子散らしたる上に小松等の少々有る可き也。

一、片流の様は、とかくの風流無く、細長に水を流し置きたる姿なる可し。

一、干潟の様は、潮の干上がりたる跡の如く、半ばは現れ半ばは水に浸るが如くに為て、自ら石少々見ゆ可き也。樹は有る可からず。

一、松皮の様は、松皮摺の如くとかく違ひたる様に為て、手切れぬ可き様に見ゆる所有る可き也。是は、石樹有りても無くても人の心に任す可し。

四　一、滝を立つる次第

滝を立てむには先づ水落の石を選ぶ可き也。其の水落の石は、作石の如くに為て面麗しきは興無し。滝は三四尺にも成りぬれば、山石の水落ち麗しくして面癖ばみたらむを用ゐる可き也。但し、水落ち良く面癖ばみたりと雖も、左右の脇石を寄せ立てむに思ひ合ふ事無くは無益也。水落ち面良くして左右の脇石思ひ合ひぬ可からむ石を立て果せて塵許も歪めず根を固めて後、左右の脇石をば寄せ立てしむ可き也。其の左右の脇石と水落の石との間は、何尺何丈も有れ、底より頂に至る迄埴土を嫋やかに打ち成して厚く塗り上げて後、石真背に只の土をも入れて突き固む可き也。滝は先づ是を能く能く認む可き也。

其の次に、右の方晴れならば、左の方の脇石の上に添へて良き石の立ち上がりたるを立て、右の方の脇石の上に少し低にて左の石見ゆる程に立つ可し。左の方晴れならば、右の次第を以ちて違へ立つ可し。

扨、其の上様は平なる石を少々立て渡す可し。其れも、偏に水の路の左右に遣水等の如く立てたるは悪し。只忘れ様に打ち散らしても水を側へ遣るまじき様を思はへて立つ可き也。中石の小背差し出でたる少々有る可し。次に、左右の脇石の前に、良き石の半ば許引き劣りたるを寄せ立てて、其の次々は其の石の乞はむに従ひて立て下す可し。滝の前は、殊の外に広くて、中石等数多有りて水を左右へ分かち流したるが理無き也。其の次々は遣水の儀式なる可し。

滝の落ち様は様々有り人の好みに依る可し。離落を好まば、面に横角厳しき水落の石を少し前へ傾けて据う可し。伝落を好まば、少し水落ちの面の角倒れたる石を塵許仰け張らせて立つ可き也。伝落は、麗しく糸を繰り掛けたる様に落とす事も有り、二重三重引き下がりたる前石を寄せ立てて、左右へとかく遣り違へて落とす事も有る可し。

滝を高く立てむ事京中には有り難からむか。但し、内裏等ならば何どか無からむ。或人の申し侍りしは、一条の大路と東寺の塔の空輪の高さは等しきとかや。然らば、上様より水路に少し宛左右の堤を築き下して滝の上に至る迄用意を致さば、四尺五尺には何どか立てざらむぞと覚え侍る。

又、滝の水落ちの機張りは高下には依らざるか。生得の滝を見るに、高き滝必ずしも広からず、低なる滝必ずしも狭からず。只水落の石の寛狭に依る可き也。但し、三四尺の滝に至りては二尺余りには過ぐ可からず。低なる滝の広きは方々の難有り。一つには滝の丈低に見ゆ。一つには井堰に紛ふ。一つには滝の喉顕に見えぬれば浅まに見ゆる事有り。滝は思ひ懸けぬ岩の狭間等より落ちたる様に見えぬれば小暗く心憎き也。然れば、水を曲げ掛けて、喉見ゆる所には良き石を水落の石の上に当たる所に立てつれば、遠くては岩の中より出ずる様に見ゆる也。

一、滝の落つる様々を言ふ事

向落、片落、伝落、離落、稜落、布落、糸落、重落、左右落、横落

向落は、向かへて、麗しく同じ程に落とす可き也。

片落は、水を受けたる頭有る前石の、高さも広さも水落の石の半ばに当たるを左の方に寄せ立てて、左よ

り添ひて落としつれば、其の石の頭に当たりて横様に白み渡りて右より落つる也。

伝落は、石の襞に従ひて伝ひ落とす也。

離落は、水落ちに一面に角有る石を立てて、上の水を淀めずして速く当てつれば、離れ落つる也。

稜落は、滝の面を少し側向けて、稜を晴れの方より見せしむる也。

布落は、水落ちに面麗しき石を立てて、滝の上を淀めて緩く流し掛けつれば、布を晒し掛けたる様に見えて落つる也。

糸落は、水落ちに頭に差し出でたる角数多有る石を立てつれば、数多に分かれて糸を繰り掛けたる様に落つる也。

重落は、水落ちを二重に立てて、風流無く、滝の丈に従ひて二重にも三重にも為て落とす也。

或人の言ふ、滝をば便りを求めても月に向かふ可き也。落つる水に影を宿さしむ可き故也。

滝を立つる事は口伝有る可し。唐の文にも見えたる事多く侍るとか。

不動明王誓ひて宣はく、滝は三尺に成りぬれば皆我が身也。如何に況や四尺五尺乃至一丈二丈をや。此の故に、三尊の姿に在らば左右の前石は必ず二童子を表す也。

不動儀軌に言ふ、見我身者　発菩提心　聞我名者　断悪修善　故名不動。云々　我が身を見ばと誓ひ給ふ事は、必ず青黒童子の姿を見奉る可しとには非ず。常に滝を見る可しと也。不動種々の身を現し給ふ中に、滝を以ちて本と為る故也。

五 遺水の事

一、先づ水の水上の方角を定む可し。経に言ふ、東より南へ向かへて西へ流すを順流と為。西より東へ流すを逆流と為。然れば、東より西へ流す、常の事也。又、東の方より出だして舎屋の下を通して未申の方へ出だす、最も吉也。青竜の水を以ちて諸々の悪気を白虎の道へ洗ひ出だす故也。其の家の主疫気悪瘡の病無くして身心安楽寿命長遠なる可しと言へり。

四神相応の地を選ぶ時、左より水流れたるを青竜の地と為。かるが故に、遺水をも、殿舎若しは寝殿の東より出だして、南へ向かへて西へ流す可き也。北より出だしても、東へ回して南西へ流す可き也。

経に言ふ、遺水の撓める内を竜の腹と為。居住を其の腹に当つる吉也、背に当つる凶也。

又、北より出だして南へ向かふる説有り。北の方は水也、南の方は火也。是、陰を以ちて陽に向かふる和合の義ならむか。かるが故に、北より南へ向かへて流す説、其の理無かる可きに非ず。

水東へ流れたる事は天王寺の亀井の水也。太子伝に言ふ、青竜常に守る麗水東へ流る。此の説の如くならば、逆流の水也と雖も東の方に在らば吉なる可し。

弘法大師高野山に入りて勝地を求め給ふ時一人の翁に逢へり。大師問ひて宣はく、此の山に別所建立為つ可き所有りや。翁答へて曰く、我が領の中にこそ、昼は紫雲棚引き夜は霊光を放つ五葉の松有りて諸水東へ流れたる地の、殆国城を建てつ可くは侍れと言へり。但し、諸水の東へ流れたる事は仏法東漸の相を表せるとか。若し其の義ならば、人の居所の吉例には当たらざらむか。

山水を為して石を立つる事は深き心有る可し。或人の言ふ、土を以ちて帝王と為、水を以ちて臣下と為。故に、水は土の許す時には行き、土の塞ぐ時には止まる。一に言ふ。山を以ちて帝王と為、水を以ちて臣下と為、石を以ちて輔佐の臣と為。故に、水は山を便りとして従ひ行く者也。但し、山弱き時は必ず水に崩さる。是則ち、臣の帝王を犯さむ事を表せる也。山弱しと言ふは支へたる石の無き所也。帝弱しと言ふは輔佐の臣無き時也。かるが故に、山は石に依りて全く、帝は臣に依りて保つと言へり。此の故に、山水を為しては必ず石を立つ可きとか。

一、水路の高下を定めて水を流し下す可き事は、一尺に三分一丈に三寸十丈に三尺を下しつれば水のせせらぎ流るる事滞り無し。但し、末に成りぬれば、麗しき所も上の水に押されて流れ下る也。当時掘り流して水路の高下を見む事有り難くは、竹を割りて地に仰け様に伏せて、水を流して高下を定む可き也。斯様に沙汰為ずして左右無く屋を建つる事は子細を知らざる也。水の水上殊の外に高からむ所に至りては沙汰に及ばず。山水に便りを得たる地なる可し。

遣水は、何れの方より流し出だしても、風流無く、此の端彼の端此の山彼の山の際へも、要事に従ひて掘り寄せ掘り寄せ面白く流し遣る可き也。

南庭へ出だす遣水は、多くは透渡殿の下より出だして西へ向かへて流す、常の事也。又、北対より入れて二棟の屋の下を経て透渡殿の下より出だす水、中門の前より池へ入るる、常の事也。

遣水の石を立つる事は、直面に繁く立て下す事有る可からず。或いは透廊の下より出でる所、或いは山端を廻る所、或いは池へ入るる所、或いは水の折れ返る所也。此の所々に石を一つ立てて、其の石の乞はむ程を多くも少なくも立つ可き也。

遣水に石を立て始めむ事は、先づ水の折れ返り撓み行く所也。元より此の所に石の有りけるに因りて水のえ崩さずして撓み行けば、其の筋違へ行く先は水の強く当たる事なれば、其の水の強く当たりなむと覚ゆる所に又石を立つる也。廻石は然の如きなる所に置く可し。末様皆是に準ふ可し。自余の所々は、只忘れ様に寄り来る所々を立つる也。とかく水の曲がれる所に石を多く立てつれば、その所にて見るは悪しからねども、遠くて見渡せば故無く石を取り置きたる様に見ゆる也。近く寄りて見る事は難し。差し退きて見むに悪しからざる様に立つ可き也。

遣水の石を立つるには、底石水切の石つめ石横石水越の石有る可し。此等は皆根を深く入る可きとぞ。横石は、殊の外に筋違へて、中脹みに面を長く見せしめて、左右の脇より水を落としたるが面白き也。直面に落ちたる事も有り。

遣水谷川の様は、山二つが狭間より厳しく流れ出でたる姿なる可し。水落の石は、右の側へ落としつれば又左の側へ添ひて落とす可き也。打ち違へ打ち違へ此処彼処に水を白く見す可き也。少し広く成りぬる所には、少し高き中石を置きて、其の左右に横石を有らしめて、中石の左右より水を流す可き也。其の横石より水の速く落つる所に迎かへて水を受けたる石を立てつれば、白み渡りて面白し。

一説に言ふ、遣水は、其の源東北西より出でたりと雖も、対の屋有らば其の中を通して南庭へ流し出だす可し。又、二棟の屋の下を通して透渡殿の下より出だして池へ入るる水、中門の前を通す、常の事也。

又、池は無くて遣水許有らば、南庭に野筋如きを有らせて、其れを便りとして石を立つ可し。但し、池無き所の遣水は、殊の外に広く流して、庭の面を能く能く薄く成して、水のせせらぎ流るるを堂上より見す可き也。又、山も野筋も無くて平地に石を立つる、常の事也。

遣水の辺の野筋には大きに蔓延る前栽を植う可からず。桔梗女郎花吾亦紅擬宝珠様の物を植う可し。

又、遣水の瀬々には、横石の歯有りて下嫌なるを置きて、其の前に迎石を置けば、その首に掛かる水白み上がりて見ゆ可し。

又、遣水の広さは、地形の寛狭に依り水の多少に依る可し。二尺三尺四尺五尺、是皆用ゐる所也。家も広大に水も巨多ならば六尺七尺にも流す可し。

六

一、立石の口伝

石を立てむには、先づ大小の石を運び寄せて、立つ可き石をば頭を上にし臥す可き石をば面を上にして庭の面に取り並べて、彼此が角を見合はせ見合はせ、要事に従ひて引き寄せ引き寄せ立つ可き也。

石を立てむには、先づ母石の才有るを一つ立て果せて、次々の石をば其の石の乞はむに従ひて立つ可き也。

石を立てむに、頭麗しき石をば前石に至る迄麗しく立つ可し。頭歪める石をば麗しきを面に見せしめて、大姿の傾かむ事は顧みる可からず。

又、岸より水底へ立て入れ又水底より岸へ立て上ぐる常滑の石は、大きに厳めしく続かまほしけれども、人の力適ふまじき事なれば、同じ色の石の角思ひ合ひたらむを選び集めて大きなる姿に立て成す可き也。

石を立てむには、先づ左右の脇石前石を寄せ立てむに思ひ合ひぬ可からむ石の才有るを立て置きて、具への石をばその石の乞はむに従ひて立つる也。

或人の口伝に言ふ

岨掛けの石は、屏風を立てたるが如し、筋違へて遣り戸を寄せ掛けたるが如し、階を渡し掛けたるが如し。

山の麓並びに野筋の石は、群犬の伏せるが如し、豕群の走り散れるが如し、小牛の母に戯れたるが如し。

凡そ、石を立つる事は、逃ぐる石一つ両つ有れば追ふ石は七つ八つ有る可し。譬へば、童部のとてうとてうひびくめと言ふ戯れを為たるが如し。


石を立つるに、三尊仏の石は立て品文字の石は臥する、常の事也。

又、山受の石は、山を切り立てむ所には多く立つ可し。芝を伏せむ庭に続かむ所には、山と庭との境芝の伏せ果ての際に、忘れ様に高からぬ石を据ゑも為臥せも為可き也。

又、立石に切重冠形机形桶据と言ふ事有り。

又、石を立つるには、逃ぐる石有れば追ふ石有り、傾く石有れば支ふる石有り、踏まふる石有れば受くる石有り、仰げる石有れば俯ける石有り、立てる石有れば臥せる石有りと言へり。

石をば強く立つ可し。強しと言ふは根を深く入る可きか。但し、根を深く入れたりと雖も前石を寄せ立てざれば弱く見ゆる也。浅く入れたれども前石を寄せつれば強く見ゆる也。是口伝也。

石を立てては石の元を能く能く突き固めて、塵許の隙間も有らせず土を込む可き也。石の口許に込みたるは、雨降れば濯がれて終に洞に成る可し。細き木を以ちて底より飽く迄突き込む也。

七

石を立つるには多くの禁忌有り。一つも是を犯しつれば、主常に病有りて終に命を失ひ、所の荒廃して必ず鬼神の住処と成る可しと言へり。

其の禁忌と言ふは

一、元立てる石を臥せ、元臥せる石を立つる也。斯くの如く為つれば、其の石必ず霊石と成りて祟りを為す可し。

一、平なる石の元臥せるを、欹てて高所よりも下所よりも家に向かへつれば、遠近を嫌はず祟りを為す可し。

一、高さ四尺五尺に成りぬる石を丑寅の方に立つ可からず。或いは霊石と成り、或いは魔縁入来の便りと成る故に、其の所に人の住する事久しからず。但し、未申の方に三尊仏の石を立て向かへつれば、祟りを為さず魔縁入り来たらざる可し。

一、家の縁より高き石を家近く立つ可からず。是を犯しつれば、凶事絶えずして家主久しく住する事無し。但し、堂社は其の憚り無し。

一、三尊仏の立石を正しく寝殿に向かふ可からず。少しき余の方へ向かふ可し。是を犯しつれば不吉也。

一、庭上に立つる石、舎屋の柱の筋に立つ可からず。是を犯しつれば子孫不吉也。悪事に因りて財を失ふ可し。

一、家の縁の辺(ほとり)に大きなる石を北枕並びに西枕に臥せつれば、主一季を過ごさず。凡そ、大きなる石を縁近く臥する事は大きに憚る可し、是を犯しつれば、主留まり住する事無しと言へ(え)り。

一、家の未申の方の柱の辺(ほとり)に石を立つ可からず。是を犯しつれば、家中に病事(やまいごと)絶えずと言へ(え)り。

一、未申の方に山を置く可からず。但し、道を通さば憚り有る可からず。山を忌(い)む事は、白虎の道を塞(ふさ)がざらむが為也。偏に山を有らしめて築き塞がむ事は憚り有る可し。

一、山を築きて其の谷を家に向かふ(う)可からず。是を向かへ(え)つれば女子(おんなご)不吉也。云々　又、谷の口を正(まさ)しく□に向かふ(う)可からず。少しき余の方へ向かふ(う)可し。

一、臥石を戌亥(いぬい)の方に向かふ(う)可からず。是を犯しつれば、財物(ざいもつ)倉に留まらず奴畜(どちく)集まらず。又、戌亥の方に水路を通さず。福徳戸内(こない)なるが故に流水殊に憚る可しと言へ(え)り。

一、雨滴(あましだ)りの当たる所に石を立つ可からず。其の迸(とばし)り掛かれる人に悪瘡出づ可し。檜皮(ひわだ)の滴(しただり)の石に当たれる所にて毒を成す故也。或人の言ふ(う)、檜山(ひやま)の杣人(そまびと)は多く足にこ□言ふ(う)病有りとか。

一、東(ひんがし)の方に、余の石よりも大きなる石の白色(はくしょく)なるを立つ可からず。其の主人(あるじ)に犯さる可し。余の方にも、其の方を剋(こく)せらむ色の石の余の石よりも大きならむを立つ可からず。是を犯しつれば不吉也。

一、名所を学ばむには、其の名を得たらむ里荒廃為(し)たらば其の所を学ぶ可からず。荒れたる所を家の前に写し留めむ事は憚り有る可き故也。

一、弘高(ひろたか)の言ふ(う)、石は荒涼(こうりょう)に立つ可からず。石を立つるには禁忌の事等侍る也。其の禁忌を一つも犯しつれ

ば、主必ず事有りて其の所久しからずと言へる事侍りと。云々

一、山若しは川辺に元有る石も、其の姿を得つれば必ず石神と成りて祟りを為す事国々に多し。其の所に人久しからず。但し、山を隔て河を隔てつれば強ちに咎祟り無し。

一、霊石は、高峰より転ばし下せとも落ち立つる所は元の座席を違へざる也。斯くの如き石をば立つ可からず。是を捨つ可し。又、五尺に過ぎぬる石を寅の方に立つ可からず。鬼門より鬼の入り来たる也。

一、荒磯の様は面白けれども所荒れて久しからず。学ぶ可からざる也。

一、島を置く事は、山島を置きて海の果てを見せざる様に為可き也。山の千切れたる隙より僅かに海を見す可き也。

一、峰の上に又山を重ぬ可からず。山を重ぬれば祟の字を成す故也。又、水は容物に従ひて形を成し、形に従ひて善悪を成す物也。然れば、池の形能く能く用意有る可し。

一、山の樹の暗き所に滝を畳む可からず。云々　此の条は憚り有る可からず。滝は木暗き所より落ちたるこそ面白けれ。古き所も然のみこそ侍るめれ。中にも、実の深山には人居住為可からず。山家の辺等に聊か滝を畳みて其の辺りに樹を為む、憚り無からむか。樹を植ゑざるの条、一向是を用ゐる可からず。

一、宋人の言ふ、山若しは川岸の石の崩れ落ちて片岨にも谷底にも有るは、元より崩れ落ちて、元の頭も根に成り元の根も頭に成り、又峙てるも有り仰け臥せるも有れども、扨、年を経て色も変はり苔も生ひぬるは人の仕業に非ず己が自ら為たる事なれば、其の定めに、立ても臥せも為むも全く憚り有る可からず。云々

一、池は亀若しは鶴の姿に掘る可し。水は器物（うつわもの）に従ひ（い）て其の形を成す物也。又、祝言（しゅうげん）を仮名に書きたる姿等を思ひ（い）寄せて掘る可き也。

一、池は浅く在る可し。池深ければ魚（いお）大に成り、魚大に成れば悪虫と成りて人を害する也。

一、池に水鳥常に有れば家主（いえあるじ）安楽也。云々

一、池尻の水門（みと）は未申の方へ出だす可き也。青竜の水を白虎の道へ向かへ（え）て悪気（あっき）を出だす可き故也。又、池をば常に浚ふ（さらう）可き也。

一、戌亥（いぬい）の方に水門を開く可からず。是、奇福を保つ所なる故也。

一、水を流す事は、東の方より屋の中（うち）を通して南西（ひつじさる）へ向かへ（え）て諸悪気を濯（すす）がしむる也。是則ち、青竜の水を以ちて諸悪気を白虎の道へ洗ひ（い）出ださしむる也。人是に住めば、呪詛（しゅそ）負は（わ）ず悪瘡（あくそう）出でず疫気（えきき）無しと言へ（え）り。

一、石を立つるに、臥する石に立てる石の無きは苦しみ無し。立つる石に左右の脇石前石に臥せる石等は必ず有る可し。立てる石を只一本宛（ずつ）兜の星等の如く立て置く事はいといとをかし。

一、古き所に自（おのずか）ら祟りを為す石等有らば、其の石を剋（こく）する色の石を立て交へ（え）つれば祟りを為す事無しと言へ（え）り。又、三尊仏の立石をば遠く立て向かふ（う）可しと言へ（え）り。

一、屋の軒近く三尺に余りぬる石を立つる事殊に憚る可し。三年が内に主（あるじ）事有る可し。又、石を逆様に立つる事大きに憚る可し。東北院（とうぼくいん）に蓮仲（れんちゅう）法師が立つる所の石、禁忌を犯せる事一つ侍り。

或人の曰（いわ）く、人の立てたる石は生得（しょうとく）の山水（さんすい）には勝る可からず。但し、多くの国々を見侍りしに、所一つに

あはれ面白き物かなと覚ゆる事有れど、軈て其の辺に正体も無き事其の数有りき。人の立つるには、彼の面白き所々許を此処彼処に学び立てて、傍らに其の事と無き石を取り置く事は無き也。

石を立つる間の事を年来聞き及ぶに従ひて善悪を論ぜず記し置く所也。延円阿闍梨は石を立つる事相伝を得たる人也。予、又其の文書を伝へ得たり。斯くの如く相営みて大旨を心得たりと雖も、風情尽くる事無くして心及ばざる事多し。但し、近来此の事を詳しく知れる人無し。只生得の山水等を見たる許にて、禁忌をも弁へず押して為る事にこそ侍るめれ。高陽院殿修造の時も、石を立つる人は皆失せて、偶然もやとて召しつけられたりし者もいと御心に適はずとて、其れをば然る事にて宇治殿御自ら御沙汰有りき。其の時には常に参りて石を立つる事能く能く見聞き侍りき。其の間、良き石を求めて参らせたらむ人をぞ志有る人とは知らむと仰せらるる由聞こえて、時人公卿已下、然しながら辺山に向かひて石をなむ求め侍りける。

八

一、樹の事

人の居所の四方に木を植ゑて四神具足の地と成す可き事

経に言ふ、家より東に流水有るを青竜と為。若し其の流水無くは柳九本を植ゑて青竜の代と為。西に大道有るを白虎と為。若し其の大道無くは楸七本を植ゑて白虎の代と為。南に池有るを朱雀と為。若し其の池無くは桂九本を植ゑて朱雀の代と為。北に丘有るを玄武と為。若し其の丘無くは檜三本を植ゑて玄武の代と為。斯くの如く為て四神相応の地と成して居ぬれば、官位福禄具はりて無病長寿也と言へり。

凡そ、樹は人中天上の荘厳也。かるが故に、孤独長者が祇園精舎を造りて仏に奉らむと為し時も樹の値に煩ひき。然るを祇陀太子の思ふ様、如何なる孤独長者が黄金を尽くして彼の地に敷き満てて、其の値として精舎を造りて釈尊に奉るぞや。我強ちに樹の値を取る可きに非ず。直是を仏に奉りてむとて樹を釈尊に奉り終はりぬ。かるが故に、此の所を祇樹給孤独園と名付けたり。祇陀が植ゑにし孤独が園と言へる心なる可し。
秦の始皇が書を焼き儒を埋みし時も種樹の書をば除く可しと勅下したりとか。仏の法を説き神の天降り給ひける時も樹を便りと為給へり。人屋最も此の営み有る可きとか。

樹は、青竜白虎朱雀玄武の外は、何れの木を何れの方に植ゑむとも心に任す可し。但し、古人の言ふ、東には花の木を植ゑ西には紅葉の木を植う可し。若し池有らば、島には松柳、釣殿の辺には楓様の夏木立涼しげ成らむ木を植う可し。

槐は門の辺に植う可し。大臣の門に槐を植ゑて槐門と名付くる事は、大臣は人を懐けて帝王に仕うまつらしむ可き官とか。

門前に柳を植うる事由緒侍るか。但し、門柳は然る可き人若しは時の権門に植う可きとか。是を制止為る事は無けれども、非人の家に門柳を植うる事は見苦しき事とぞ承り侍りし。

常に向かふ方に近く榊を植うる事は憚り有る可き由承る事侍りき。

門の中心に当たる所に木を植うる事憚る可し。閑の字に成る故也。

方円なる地の中心に樹有れば其の家の主常に苦しむ事有る可し。方円の中に木有れば困の字に成る故也。

又、方円なる地の中心に屋を建てて居ぬれば其の家の主禁ぜらる可し。方円の中に人の字有れば囚獄の字に成る故也。斯くの如き事に至る迄も用意有る可き也。

九

一、泉の事

人家に泉は必ず有らまほしき事也。暑を去る事泉には及かず。然れば、唐人必ず作泉を為て、或いは蓬萊を学び、或いは獣の口より水を出だす也。天竺にも、須達長者祇園精舎を造りしかば堅牢地神来たりて泉を掘りき。即ち、甘泉是也。吾が朝にも、聖武天皇東大寺を造り給ひしかば遠敷明神泉を掘れり。羂索院の閼伽井是也。此の外の例数へ尽くす可きに非ず。

泉は、冷水を得て屋を造り大井筒を建て簀の子を敷く、常の事也。冷水有れども其の所を泉に用ゐむ事便宜悪しくは、掘り流して泉へ入る可し。顕に引せ入れたらむ念無くは、地の底へ箱樋を泉の中迄伏せ通して、其の上に小筒を立つ可き也。若し水の在所泉より高き所に在らば、樋を、水の入る口をば高めて末様をば次第に下げて、其の上に中筒を据う可し。但し、其の筒の丈を水の水上の高さよりは今一寸下げつれば、其の水筒より余り出づる也。伏樋を久しく有らしめむと思はば、石を蓋覆ひに伏す可し。若しは、能く能く焼きたる瓦も悪しからず。

作泉に為て井の水を汲み入れむには、井の際に大きなる槽を台の上に高く据ゑて、其の下より前の如く箱樋を伏せて、槽の尻より樋の上迄は竹の筒を立て通して水を汲み入るれば、押されて泉の筒より水余り出でて涼しく見ゆる也。

泉の水を四方へ漏らさず底へ濡らさぬ次第

先づ、水塞きの筒の板の止を空かさず作り果せて地の底へ一尺許掘り沈む可し。其の沈む所は板を接ぎたるも苦しみ無し。次に、底の土を掘り捨てて、良き埴土の水入れて嫋やかに打ち成したるを厚さ七八寸許入れ塗りて、其の上に、面平なる石を隙間無く押し入れ押し入れ並べ据ゑて乾し固めて、其の上に、又平なる石の小土器の程なるを底へも入れず只並べ置きて、其の上に、黒白の清らなる小石をば敷く也。

一説に言ふ、作泉をば、底へ掘り入れずして、地の上に筒を建立して、水を少しも残さず尻へ出だす可き様に拵ふ可き也。汲み水は一二夜過ぐれば腐りて臭く成り虫の出で来る故に、常に水を替へ落として、底の石をも筒をも能く能く洗ひて、要有る時水をば入るる也。地の上に高く筒を建つるにも、板をば底へ掘り入る可き也。埴を塗る次第前の如し。板の外の廻りをも掘りて埴をば入る可き也。

簀の子を敷く事は、筒の板より端少し差し出づる程に敷く説有り。泉を広くして、立板より二三尺水の面へ差し出でて釣殿の簀の子の如く敷く説も有り。是は、泉へ降るる時下の小暗く見えて物恐ろしき気の為たる也。但し、便宜に従ひ人の好みに依る可し。

当時居所より高き地に掘り井有らば、其の井の深さ掘り通して、底の水際より樋を伏せ出だしつれば、樋より流れ出づる水絶ゆる事無し。

十

一、雑部

唐人が家に必ず楼閣有り。高楼は然る事にて、打ち任せては軒短きを楼と名付け、軒長きを閣と名付く。楼は月を見むが為、閣は涼しからしめむが為也。軒長き屋は夏涼しく冬暖かなる故也。

第二部　定本『作庭記』現代語訳

一

石を組む仕事をするには、まずそのおおよその仕事内容を理解しておかなければなりません。

一、そこの地形により池の姿に従って思い浮かんだ所々に趣向をめぐらして石を組んでゆきますが、自然の風景をあらかじめ考えておき、その所々はそのような風景だったなあと思い合わせながら組むようにします。

一、昔の名人が残しておいた作品を手本とし、その家の主人の意向を考慮し、独自の趣向をめぐらして組むようにします。

一、国々の名所を思いめぐらして、面白いと思う所々を自分の物とし、庭全体をその所に似通わせて分かりやすく組むようにします。

殿舎を造る時その装飾のために山を築いたと、これも祇園図経に書かれています。

池を掘り石を組む所では、まずそこの地形の良否を見きわめて、好都合な地形に従って池の姿を掘り島々を造り、池へ水を落とし入れる方角、ならびに池尻の水を流し出す方角を決定します。

南庭を設けることについては、階隠しの外の柱の所から池の水際に至る所までの広さは六、七丈（一八～二一メートル）、もし、宮中の儀式に使用される場合には八、九丈（二四～二七メートル）もの広さが必要になります。拝礼（はいらい）の儀を行うために用意しておかなければならないからです。但し、一町の家の南正面に池を掘るのに南庭を八、九丈も取ってしまえば、池の中心部の大きさはどれほどにもならないのではないでしょうか。その辺は十分に配慮をしなければなりません。堂舎などの場合は四、五丈（一二〜一五メートル）もあれば問題はありません。

また、島を設けることについては、その所の様子に従い、池の広狭によって決めればよいでしょう。但し、それ相応の所でしたら、原則として島の先端を寝殿の半ばに当てて、後方に楽屋が置けるようにしておかなければなりません。楽屋の大きさは七、八丈（二一〜二四メートル）にも及ぶので島は是非とも広くしたいのですが、池の大きさにもよるので、後方へ下げた島などを設けて仮板敷を敷き続けるようにします。仮板敷を敷くのは島が狭いからです。なんとしても楽屋の前方にはその島の多くの部分が見えていなければならないのです。だから、その所は除いて、楽屋を置く場所が足りなくなった所に仮板敷を敷くのだと伺っております。

また、反橋の下が晴の側（がわ）から見えるのは本当にまずいことです。だから、橋の下には大きな石をたくさん組むのです。

また、島から橋を渡すことについては、橋を正確に階隠（はしがくし）の間（ま）の中心に当ててはいけません。斜めにして、橋の東の柱を階隠しの西の柱に当てるようにします。

また、山を築き野筋を設けることについては、そこの地形により池の姿に従って決定します。

また、透渡殿の柱は短く切り詰めて、ひどく大きな山石の趣のあるものを組ませるようにします。

また、釣殿の柱には大きな石を据えさせなさい。

また、池ならびに島の石を組む時、その場で水を入れてみることが難しいのなら、水準器を据えさせて、釣殿の簀の子の下桁と水面との間が四、五寸（一二〜一五センチメートル）あるように調節し、所々にその水位を示す目印を立てておいて、石をどの位根を入れ水に沈めたらよいか、どの位水の上に出したらよいかを共に調節して組むようにします。

池の石は、水の底からしっかり支える根石と詰石を据え置いて立て上げれば、何年経っても崩れ倒れることはありません。水が干上がった時にも変わらず面白く見えます。

島を設けることについても、始めからその姿に切り立てて掘っておくと、その岸に切り崩し切り崩し組んだ石は、水を入れた後にはその岸がふやけて、せっかく組んだ石も保つことができません。ただ大きめの姿を掘り残しておき、石を組んだ後で徐々に望む島の形に削り取るようにします。

また、池ならびに遣水の排水は未申の方角（南西）へ出しなさい。青竜のつかさどる水を白虎のつかさどる方角（西）へ出さねばならないからです。

池尻の水を落とす横石は、釣殿の簀の子の下桁の下端から水面に至るまでの間が常に四、五寸（一二〜一五センチメートル）あるようにして、それを超えると水が流れ出るように高さを調節して据えます。

一般に、滝の左右・島の崎・山の付近のほかは高い石を組むことは稀のようです。とりわけ南庭の地表には、家屋の近くに三尺（九〇センチメートル）を上回る石を組んではいけません。これを破ると、主人はそこに住み続けることができなくなり、ついにはその所も荒廃の地となるだろうと言われています。

また、離石は荒磯に設け、山の崎・島の崎に組むのだとか。離石の根には、水の上から見えないほどに大きな石を二つか三つ、三つの場合は三鼎状に埋め込んで、その中に立てて詰石を打ち入れなさい。
一、池も造らず遣水も造らない所に石を組むこともあります。これを枯山水と呼んでいます。その枯山水の造り方は、山沿いの崖、あるいは野筋などを造り出して、それに寄り添えて石を組むというものです。
また、ひとえに山里などのように面白くしたいと思うのなら、高い山を家屋の近くに設け、その山の頂から裾へ石を少々組み下ろして、この家を造ろうと山の一部を崩し地ならしをしている最中に、たまたま掘りあらわされた石の根深いこと限りなく掘り除くこともできないので、その上に、またはその石の片隅などに、せめて束柱だけは切って掛けておいたという風にします。

また、何かに寄り添えて、小山の崎・木の根元・束柱の付近などに石を組むこともできます。但し、南庭の地表には、石が組め草木が植えられるように、階段の下に畳などが敷けるようにしておかなければならないとかいうことです。

総じて、庭石は立てることは少なく、臥せることの方が多いものです。なのになぜ石臥せとは言わないのだろうか。

二

石を組むには様々なやり方があります。大海の形式・大河の形式・山河の形式・沼池の形式・葦手の形式などです。

一、大海の形式は、まず荒磯の景色を造り出さなければなりません。その荒磯は、岸の付近にひどく先の出た石々を組んで水際を床根に成して、水の上に立ち出た石をたくさん沖の方へ組み渡して、遠く離れ出た石も少々あるようにします。これらの石は、皆波が激しく掛かる所にあるので、荒波に洗い出された姿を表現しているのでしょう。さて、そこからは所々に洲崎や白浜が遠く見渡せて、松などもあるようにします。

一、大河の形式は、川の姿が竜や蛇が通った道のようになっていなければなりません。まず石を組むことについては、水が最初に曲がる所から始めますが、そこに母石（おもいし）の趣のあるものを一つ組んで、その石の望むだけの数で組み終わらせなさい。その次々の石を組み続けてゆくことについては、水はどこまでも同じ方向に流れてゆこうとするので、そこ（遣水が曲がる所）に石を組まなければ山も岸も保つことはできません。その石に当たった水は、その所から折れ、またはたわんで勢いよく流れてゆくので、その水の行き着く先を予測してまた石を組みます。その先々も、このやり方を頭に入れて次第に趣向を変えながら組み続けてゆきなさい。石を組む所々の遠近・多寡は、その所の様子に従いその時の意楽（いぎょう）によって決定すればよいでしょう。水は左右が詰まって細く落ち下る所は速いので、少し広まりになって水の勢いの弱まる所に白洲を設けます。中石はそのような所に設けなさい。どんなものであれ中石が現れたら、その川下には白洲を設けることになっているようです。

一、山河の形式は、川の両岸に石を絶え間なく組み続けて、あちらこちらに伝石がなければなりません。また、水の中に石を組んで左右へ水を分けるので、その左右の水際には根を深く入れた石を組みなさい。以上の二つの川の形式は遣水に使用します。遣水にも、車一台に積み切れないほどの大きな石を使っても構いません。

一、沼池の形式は、石を組むことはめったにせず、あちらこちらの入江に葦・かつみ・菖蒲・燕子花のような水草を茂らせて、島と言えるようなものなども造らず、水面を果てしなく見せるようにします。一般に、沼や池というのは溝の水が集まってできた水溜まりのことです。だから、水の出入りする所があってはいけません。水は予期しない所から隠し入れるようにします。また、水面を高く見せなさい。

一、葦手の形式は、山なども高くせず、野筋の末・池の水際などに石を所々組んで、その脇々に小笹や山菅のような草を植えて、庭木としては、梅や柳などのしなやかな木を選んで植えなさい。総じて、この形式では平べったい石を品文字の形などに組み渡して、それに寄り添え寄り添え、あまり高くもなく茂くもない草々を植えろということです。

　石を組む諸形式のどれか一つをひたすら使い通せというのではありません。池の姿や地面の形状に従って、同じ池にあれこれの形式を取り混ぜて使うこともできるのです。池の広い所や島の付近などには海の形式を模倣し、野筋の上には葦手の形式を模倣するなどのようにして、ただ思い浮かぶままになせばよいのです。そういうことをよく知らない人が、このお庭は一体どの形式でできているのですかなどと尋ねたりするのは可笑しくてたまりません。

一、池や川の水際の諸形式について

鋤先・鍬形

池ならびに川の水際の白浜は、鋤先のように尖り、鍬形のように彫り入るようにします。白浜をこの姿にする時は、石は浜へ打ち上げられたように組みなさい。

池の石は海を模倣して組むことになるので、必ず大地に根を下ろしたような大きな波返の石を組まなければなりません。

三 島の姿の諸形式について

山島・野島・杜島・磯島・雲形・霞形・洲浜形・片流・干潟・松皮などです。

一、山島は、池の中に山を築き、代わる代わるに高低差をつけて常緑樹を密に植えなさい。島の前方部は白浜にして、山際ならびに水際に石を組みなさい。

一、野島は、引き違い引き違いに野筋を伸ばし、所々に背中だけあらわにした石を組み、それを拠り所として秋の草などを植えて、その隙間隙間には苔などを付けるようにします。この島も前方部は白浜にしなさい。

一、杜島は、ただ平坦な島全体に木をまばらに植えて、枝葉が多ければ下枝を透かし、木の根元に寄り添え寄り添え目に立たないほどの石を少々組んで、その隙間隙間には芝も張り、島の前方部には砂も撒くようにします。

一、磯島は、背の高い石を所々に組み、その石の望むように波打の石を荒々しく組み渡して、その高い石の隙間隙間には、あまり高くはない松の老いて優れた姿はしていても緑の濃いものを所々植えるようにします。

一、雲形は、雲が風に吹き流されてたなびき渡っているような姿の島を造り、石も組まず庭木も植えず、島全体を白洲にしなければなりません。

一、霞形は、池の水面を見渡せば空に霞が立ちこめたかのように、島の形を二重にも三重にも食い違わせて、細々とあちらこちらが深く切れ込んで見えるようにしなければなりません。この島も、石も組まず庭木も植えず白洲にするようです。

一、洲浜形は、通常の洲浜文様と同じ形をした島のことです。但し、紺の文などのように全く同じ形にしたのでは面白くありません。同じ洲浜の形ではあっても、あるいは引き伸ばしたように、あるいは歪めたように、あるいは背中合わせに行き違わせたように、あるいは洲浜の形のようには見えるがやはりどこか違って見えるという風にします。この島には、砂を撒いた上で小松なども少々あるようにします。

一、片流の形式は、あれこれと意匠を凝らすことはせず、ただ細長く水を流しておいたような姿の島を言うようです。

一、干潟の形式は、潮がすっかり引いた跡のように、島を半ばは水の上に現れ半ばは水に浸かったようにして、知らぬ間に現れた石が少々見えるようにします。この島に木を植えてはいけません。

一、松皮の形式は、松皮摺文様のように島の形をあれこれと行き違ったようにして、どこか切り離れていそうに見える所があるようにします。この島に石や木を使うか否かは造る人が思うようになせばよいでしょう。

四

一、滝を造る手順

滝を造るにはまず水を落とす石を選ばなければなりません。その水落石ですが、作石のように手を加えて石の表面が滑らかになったものでは面白みがありません。滝の高さは三、四尺（九〇～一二〇センチメートル）にもなるので、山石の水の落下が円滑で表面が粗削りな感じのものを使うようにします。但し、水の落下が良好で表面が粗削りな石と言っても、左右の脇石を寄せて組む時に角が馴染まなければ何の役にも立ちません。水の落下も表面の形状も良好で、左右の脇石とも角の馴染みそうな石を組み終わらせて、ほんの少しも動かさずに根を固めたら、その後で左右の脇石を寄せて組ませるようにします。その左右の脇石と水落石との間には、たとえそれが何尺何丈あったとしても、底部から最上部に至るまで粘土を柔軟に打ちなしたものを厚く塗り上げて、その後で脇石の真裏に普通の土をも入れて突き固めるようにします。滝の施工では、まずこの工程を入念にこなさなければなりません。

その次に、滝の右の方向が晴の側（がわ）とされる時には、左の脇石の後方に形の良い石で背の高いものをもう一本組みますが、その石が右の脇石の上方にそれよりも少し低く見える位の高さに組みなさい。左の方向が晴の側とされる時には、右記の手順を用い左右を逆にして組みなさい。

さて、その石の上流部には平らな石を少々組み渡さなければなりません。ですが、ひとえに水路の左右に遣水などのように組むのは好ましくありません。ただざりげなく分散させても水を脇へ逃がさない方法を予測して組むようにします。中石の背中が水の上に出たものも少々組みなさい。次に、左右の脇石の前に、形の良い石でその半分位の大きさのものを寄せて組み、その次々の石はその石の望むように組み続けてゆきます。滝の前は、とりわけ広くなっていて、中石などがたくさんあって水を左右へ分け流してあるのが格別に優れた造形です。その次々の石は遣水と同じ方式で組めばよいようです。

滝の落とし方には様々なものがありますが、どれにするかは造る人の好みで決めればよいでしょう。離落にしたいのなら、水平に横角の鋭く尖った水落石を少し前へ傾けて据えなさい。伝落にしたいのなら、水を落とす表面の角の少し欠けた石をほんの少々のけ反らして組むようにします。伝落では、鮮やかに糸を繰り掛けたように落とすこともでき、二重三重に後退させた前石を寄せて組み、水を左右へあれこれと交差させて落とすこともできます。

高い滝を造ることは都の中では不可能なのだろうか。但し、内裏のような所ではどうしてできないことがありましょう。ある人が言われるには、一条の大路と東寺の塔の相輪の高さとは等しいのだとか。だとすれば、上流の方から水路の左右に堤を少しずつ築き下しながら滝の上に至るまで用意をすれば、四尺五尺（一二〇・一五〇センチメートル）の滝がどうして造れないことがあろうかと思えるのです。

また、滝の水を落とす幅の広狭は、滝の高低とは関係がないのだろうか。自然の滝を見ると、高い滝が必ずしも広いとは限らず、低い滝が必ずしも狭いとも限りません。だから、ただ選んだ水落石の広狭に応じて水を落とせばよいのです。但し、滝の高さが三、四尺（九〇〜一二〇センチメートル）に達したなら二尺（六〇センチメートル）以上にしてはいけません。低い滝に落水の幅を広くすることにはあれこれの欠点があります。一つには滝の高さが低く見えます。一つには井堰と間違われます。一つには滝の喉があらわに見えるので造りが悪く見えることがあります。滝というものは、思いもよらない岩の狭間(はざま)などから落ちているように見えると小暗く心引かれるものなのです。だから、水を曲げて通し、喉の見える所には形の良い石を水落石の上に当たる所に組めば、遠くからはあたかも岩の中から水が流れ出しているように見えます。

一、滝の水を落とす諸形式について

向落・片落・伝落・離落・稜落・布落・糸落・重落・左右落・横落

向落は、二つの滝を向かい合わせて、全く同じ大きさで水を落とすようにします。

片落は、水を受ける頭部のある前石の、高さも広さも水落石の半ばに当たるものを左の方へ寄せて組み、水を左から滑り落とせば、水はその石の頭部に当たり、横向きに白く濁って右から落ちます。

伝落は、水を石の襞に従って伝い落とします。

離落は、水を落とす所に全体に角のある石を組み、上流の水を淀めずに素早く通過させれば、水は離れて落ちます。

稜落は、滝の顔を少し脇へ向けて、横顔を晴の側から見せるようにします。

布落は、水を落とす所に表面が滑らかな石を組み、上流の水を淀めてゆるやかに流れ下らせれば、布を晒しかけたように見えて落ちます。

糸落は、水を落とす所に垂直に突き出た角のたくさんある石を組めば、水は幾筋にも分かれて糸を操りかけたように落ちます。

重落は、水を落とす所を重ねて造りますが、意匠を凝らすことはせず、ただ滝の高さに従って二重にも三重にもして水を落とします。

ある人が言うには、滝はどんな手段を講じてでも月に向けるべきだということです。落ちる水に月の光を宿らせねばならないからです。

滝を造る事には口伝があるようです。その口伝の中には漢籍にも載っていることが多くあるのだとか。

不動明王が誓っておっしゃるには、滝は三尺の高さになれば皆私だ。まして四尺五尺ないし一丈二丈の滝がそうでないはずがないと。こういう訳で、三尺（九〇センチメートル）以上の滝が三尊の姿をしていれば、左右の前石は必ず二童子を表しているのです。

不動儀軌には、私の身体（からだ）を見れば菩提心を起こすであろう、私の名を聞けば悪を止め善を行うであろう、故に不動と名付く（以下略）と書かれています。私の身体を見ればと不動が誓われることは、必ずしも不動明王と二童子の姿を拝見しなければならないということではありません。常日頃から滝を見ていなさいということなのです。不動明王は様々な姿に変現されますが、その中で滝を本来の姿とされるからです。

五 遣水について

一、まず遣水の給水口の方角を決めなければなりません。経書には、東から南へ向かわせて西へ流すのを順流とする。西から東へ流すのを逆流とすると書かれています。だから、東から西へ流すのが通例となっています。また、東の方角から流し始め、家屋の下を通して未申の方角（南西）へ流し出すのが最も縁起の良い流し方です。青竜のつかさどる水であらゆる悪い気を白虎のつかさどる道へ洗い出すからです。その家の主人は伝染病や悪性の腫れ物といった病気にかかることもなく、身も心も安楽で寿命も長遠であろうと言われています。

四神相応の土地を選ぶ時、家屋の左（東）から水が流れているのを青竜の守る地と見なします。だから、遣水でも、殿舎または寝殿の東から流し始め、南へ向かわせて西へ流すようにします。北から流し始めたとしても、東へ迂回をさせて南西へ流すようにします。

経書（けいしょ）には、遣水がたわんで流れる内側を竜の腹と見なす。住まいをその腹に当てると縁起が良く、背中に当てると縁起が悪いと書かれています。

また、北から流し始めて南へ向かわせるという説もあります。北の方角は水で、南の方角は火です。これは、陰を陽に向かわせる陰陽和合（おんようわごう）の意を表しているのではないでしょうか。だから、北から南へ向けて流す説にもその道理がないという訳ではないのです。

水が東へ流れている事例は四天王寺の亀井の水です。聖徳太子の伝記には、青竜が常に守る麗水は東へ流れていると書かれています。この説の通りなら、たとえそれが逆流の水であっても、その井戸（給水口）が東の方角にあれば縁起が良いことになるようです。

弘法大師が高野山に入り寺造りに適した土地を探している時、一人の老人に出会いました。大師は老人に尋ねておっしゃった、この山に別院を建立できそうな所はありますかと。老人は答えて言われた、私の領地の中には、昼は紫雲がたなびき夜は霊光を放つ五葉の松が生え、水が皆東へ流れる変わった土地がございますが、そこでしたら、別院はもちろんのこと、一国の城でさえも造ることが可能でございますと。但し、この水が皆東へ流れるということは仏法東漸の様相を表すのだとか。もし本当にそういう意味だとすれば、水が東へ流れることは一般人の住まいに関する吉例には当て嵌まらないのではないでしょうか。

庭を造る際に石を組むことには何やら深い意味合いがあるようです。ある人が言うには、土を帝王と見なし、水を臣下と見なす。故に、水は土が許す時には行き、土が塞ぐ時には止まると。またある説では、山を帝王と見なし、水を臣下と見なし、石を補佐の臣と見なす。故に、水は山を頼りとして従い行くものだ。但し、山が弱い時は必ず水に崩される。これは臣下が帝王を犯そうとすることを表す。山が弱いというのは支える石のない所だ。帝王が弱いというのは補佐の臣のいない時だ。だから、山は石によって守られ、帝王は補佐の臣によって保たれるのだ、と言われています。こういう理屈で、庭を造る際には必ず石を組まねばならないのだとか。

一、水路の高低を決めて水を流し下すことについては、一尺に三分、一丈に三寸、十丈に三尺の割合（一〇〇分の三）で低くすれば、水は問題なくせせらぎ流れます。但し、下流まで来れば、水平な所があっても上流からの水に押されて流れ下ります。その場で水を掘り流して水路の高低を見ることが難しいのなら、竹を二つに割って地面の上に仰向けに伏せ、そこへ水を流して高低を決めるようにします。こうした措置も取らず、考えもなく水路の上に家屋を建てることは、後で生ずる不都合が分かっていないのです。遣水の給水口が特に高そうな所に至っては、始めからなんの措置を取る必要もありません。そこは庭造りに好都合な地と言えるでしょう。

遣水は、どの方角から流し始めたとしても、意匠を凝らすことはせず、こちらの軒先あちらの軒先へ、こちらの山際あちらの山際へも、留意事項に従って掘り寄せ掘り寄せ面白く流れさせるようにします。

南庭へ流し出す遣水は、多くの場合、透渡殿の下から出して西へ向けて流すのが通例です。また、北の対から流し入れ、二棟の家屋の下を通して透渡殿の下から出す遣水は、中門の前から池へ入れるのが通例となっています。

遣水の石を組むことについては、両岸の石を向かい合わせて絶え間なく組み続けるようなことをしてはいけません。石を組む所は、あるいは透渡殿の下から出る所、あるいは山の崎をめぐる所、あるいは池へ入れる所、あるいは水の折れ返る所です。こういった所々に石を一つ組んで、その石の望むだけの数を多くても少なくても組むようにします。

遣水に石を組み始めることについては、最初に水が折れ返りたわんで流れてゆく所から始めます。前もってこの所に石を組んでおくことにより水は岸を崩せずにたわんでゆくので、そこから向きを変えて流れてゆく先は水が強く当たることになるので、その水が強く当たると思われる所にまた石を組みます。廻石はそのような所に設けなさい。その先々は皆これに倣って組み続けてゆけばよいでしょう。それ以外の所々では、たださりげなく思い浮かんだ所々に石を組んでゆきます。ややもすると水の曲がっている所には石を多く組んでしまいますが、そうすると、その所で見る分には悪くなくても、遠くから見渡せば訳もなく石を取り置いてあるように見えるものです。人が近寄って見ることはまずありません。だから、引き下がって見た時に悪くはないように組むのです。

遣水の石を組む時には、底石・水切の石・つめ石・横石・水越の石を組まなければなりません。これらの石は皆根を深く入れるべきだということです。横石は、思い切り斜めにし、中ふくらみに石の表面を長く露出させて、その左右の脇から水を落としているのが面白いのです。流れに正対して水が落ちていることもあります。

谷川の形式の遣水は、二つの山の谷間から激しく水が流れ出しているものを言うようです。水を落とす石は、右の脇へ向けて落としたら、また左の脇へ向けて水を滑り落とすようにします。落とす向きを反対反対にしながら、あちらこちらで水を白く見せるようにするのです。川幅が少し広くなった所には、少し高さのある中石を設け、その左右に横石を組んで、中石の左右から水を流すようにします。その横石から水が速く落ちる所に待ち構えて水を受ける石を組めば、水が白く濁って面白くなります。

ある説によれば、遣水は、その水が東・北・西のどの方角から流れ始めていたとしても、対屋があればその内側を通して南庭へ流し出せということです。また、二棟の家屋の下を通し、透渡殿の下から出して池へ入れる遣水は、中門の前を通すのが通例となっています。

また、池は造らず遣水だけ造るのであれば、南庭に野筋のようなものをこしらえて、それを拠り所として石を組みなさい。但し、池の代わりに流す遣水は、とりわけ広く流し、南庭の地表を十分に薄く造成して、水のせせらぎ流れる様を建物の上から見せるようにします。また、山も野筋も造らず、平坦な地面の上に石を組むことも通例となっています。

遣水の付近の野筋には、ひどく伸び広がる草木を植えてはいけません。桔梗・女郎花・吾亦紅・擬宝珠のようなものを植えなさい。

また、遣水の多くの瀬には、横石の歯があってその下の欠け落ちたものを設けて、その前に迎石を置けば、その頭に掛かる水は白く濁って見えます。

また、遣水の広さは、利用できる地形の広狭によって得られる水量の多寡によって決めればよいでしょう。二尺・三尺・四尺・五尺（六〇・九〇・一二〇・一五〇センチメートル）、これらは皆実際に使われている広さです。家屋敷も広大で水量も豊富なら、六尺・七尺（一八〇・二一〇センチメートル）の広さに流すこともできます。

六

一、石組に関する口伝

石を組む時は、まず大小の石を運び集めて、立てたい石は頭を向こうにし、臥せたい石は顔を上にして庭の地面の上に取り並べて、あれこれの石の角と角とを見比べ見比べ、留意事項に従って引き寄せながら組むようにします。

石を組む時は、まず母石の趣のあるものを一つ組み終わらせて、次々の石はその石の望むように組んでゆきます。

石を組む場合、頭部の真っ直ぐな石は、前石に至るまで真っ直ぐに組みなさい。頭部の曲がった石は、正面からは頭部が真っ直ぐに見えるように斜めにして組みますが、そのために石全体が傾くことを気にかける必要はありません。

また、岸から水の底へ立て入れるか、または水の底から岸へ立て上げる水際に限りなく続く石は、はなはだ壮大に組み続けたいのですが、人の力ではできそうにないので、同じ色をした石の角が馴染みそうなものを選び集めて大きな姿に組み上げるようにします。

石を組む時は、まず左右の脇石や前石を寄せて組むのに角の馴染みそうな石の趣のあるものを組んでおいて、あらかじめ用意しておいた石をその石の望むように組んでゆきます。

ある人から口伝えに聞いたこと
山の急斜面に組む石は、屏風を立てたように見えるものもあり、斜めに遣戸を寄せ掛けたように見えるものもあり、階段を掛け渡したように見えるものもあります。

山の麓ならびに野筋に組む石は、一群れの野犬が潜(ひそ)んでいるように見えるものもあり、猪の群れが散り散りに走り去ってゆくように見えるものもあり、牛の子がお母さんにじゃれついているように見えるものもあります。

一般に、石を組むことについて言えば、逃げる石を一つ二つ組めば、追う石は七つ八つ組まなければなりませんません。たとえば、子供たちが「とちょうとちょうひびくめ」という遊びに興じている時のように。

石を組む場合、三尊仏の石は立て、品文字の石は臥せるのが通例です。

また、山受の石は、山を急傾斜にする所には多く組まなければなりません。山が芝を張った庭へ続いているような所では、山と庭との境目と芝の張り終わり際に、さりげなく高くはない石を据えたり臥せたりします。

また、立石には、切重・冠形（かぶりがた）・机形・桶据（おけすえ）と呼ばれる形状のものがあります。

また、石を組む場合、逃げる石を組めば追う石も組め、傾く石を組めば支える石も組め、踏みつける石を組めば受ける石も組め、仰向いた石を組めば俯（うつむ）いた石も組め、立てる石を組めば臥せる石も組めと言われています。

石は力強く組まなければなりません。力強いというのは根を深く入れるということなのだろうか。但し、根を深く入れたとしても、前石を寄せて組まなければ弱く見えます。根を浅くしか入れなくても、前石を寄せて組めば力強く見えます。これは口伝です。

石を組んだら石の根元を十分に突き固めて、ほんの少しの隙間もつくらず土を詰め込むようにします。石のとば口ばかりに詰め込んだのでは、雨が降れば洗い流されて最後には空洞になってしまいます。細い木の棒を使って、穴の底から徹底的に突き込むのです。

七

石を組むには多くの禁忌があります。一つでもこれを破ると、主人は常に病を得てついには命を失い、その所も荒廃して必ず鬼神の住みかとなるだろうと言われています。

その禁忌と言うのは

一、元立っていた石を臥せ、元臥せていた石を立てることです。このようなことをすると、その石は必ず霊石（りょうせき）となって祟りをなします。

一、平たい石の元臥せていたものを、欹（そばだ）てて高い所からでも低い所からでも家に向けると、その遠近にかかわらず祟りをなします。

一、高さが四尺、五尺（一二〇・一五〇センチメートル）に達する石を丑寅（うしとら）の方角（北東）に組んではいけません。その石があるいは霊石となり、あるいは悪魔が人を惑わせに来る拠り所となるため、その所に人が長く住むことはできません。但し、未申（ひつじさる）の方角（南西）に三尊仏の石を組んでそれに向かい合わせれば、祟りをなすこともなく、悪魔が人を惑わせに入ってくることもありません。

一、家の縁側よりも高い石を家の近くに組んではいけません。これを破ると、縁起の悪いことが絶えず起き、その家の主人はそこに長く住むことができません。但し、堂舎の場合はその差し障りはありません。

一、三尊仏の立石を正確に寝殿に向けてはいけません。少し違う方へ向けなさい。これを破ると、縁起の悪いことが起きます。

一、南庭の地表に組む石は、舎屋の柱の延長線上に組んではいけません。これを破ると、子孫に縁起の悪いことが起きます。悪い企みによって財産を失います。

一、家の縁側の付近に大きな石を北枕ならびに西枕に臥せると、主人は一季でさえもそこで過ごすことはできません。一般に、大きな石を縁側の近くに臥せることは特に慎まねばなりません。これを破ると、主人はそこに住み続けることができないと言われています。

一、家の未申の方角（南西）の柱の付近に石を組んではいけません。これを破ると、その一家中に病にまつわる煩いごとが絶えないと言われています。

一、未申の方角（南西）に山を設けてはいけません。但し、そこに道を通せばこれを慎む必要はありません。山を嫌うのは、白虎のつかさどる道を塞がないようにするためだからです。ひとえに山を築いて白虎の道を塞ぎつぶそうとすることは慎まねばなりません。

一、山を築いてできたその谷を家に向けてはいけません。これを家に向けると、そこの娘に縁起の悪いことが起きます。（以下略）また、谷の口を正確に□に向けてはいけません。少し違う方へ向けなさい。

一、臥石を戌亥（いぬい）の方角（北西）へ向けてはいけません。これを破ると、金品は倉に留まらず、奴婢や家畜も集まりません。また、戌亥の方角には水路を通すこともしません。福徳は家の中へ入ってきてほしいものだから、流水は特に慎まねばならないと言われています。

一、雨垂れの当たる所に石を組んではいけません。そのしぶきの掛かる人に悪性の腫れ物ができます。檜皮（ひわだ）のしずくが石に当たる所で毒と化すからです。ある人が言うには、檜の山林で働く樵夫（きこり）は大概足にこ□いう病気を持っているのだとか。

一、東の方角に、他の石よりも大きな石の白い色をしたものを組んではいけません。そこの主人が人から危害を加えられます。これ以外の方角についても、その方角に打ち勝ちそうな色をした石の、他の石よりも大きそうなものを組んではいけません。これを破ると、縁起の悪いことが起きます。

一、名所を模倣する場合、名所と同じ名前の里があって、もしその里が荒廃したならその所を模倣してはいけません。荒れ果てた所を家の前に写し留めることは慎まねばならないからです。

一、弘高が言うには、庭石は軽率に組んではいけません。石を組むには禁忌とされていることなどがございます。その禁忌を一つでも破ると、主人の身に必ず一大事が起き、その所も長くはないと言われていることがございますと。（以下略）

一、山または川辺に元あった石でも、石神の姿になれば必ずその正体を現して祟りをなす事例が諸国に数多くあります。そういう所に人が長くいることはできません。但し、その石を山一つ隔て川一つ隔てた所へ捨ててしまえば、決して咎められることも祟られることもありません。

一、霊石（りょうせき）というものは、たとえ高い峰の上から転がし落としたとしても、落ちて立つ所は元の立っていた場所と変わることはありません。このような石を庭に組んではいけません。捨ててしまいなさい。また、五尺（一五〇センチメートル）を超える石を寅の方角（東北東）に組んではいけません。鬼門（北東）から鬼が入ってきます。

一、荒磯の形式は面白いのですが、その所がすぐに荒れて長くは持ちません。なので模倣できそうにありません。

一、島を設けることについては、山島を設けて海の果てを見せないようにします。山と山とが引き離れた隙間からわずかに海を見せるようにします。

一、山頂の上にまた山を重ねてはいけません。山を二つ重ねれば祟(たたり)の字と同じになるからです。また、水は入れ物に従ってその形をなし、その形に従って良くも悪くもなります。だから、池の形には十分配慮をしなければなりません。

一、山の木の茂った暗い所に滝を畳んではならない。(以下略)この条は慎む必要はありません。滝というものは小暗い所から落ちていてこそ面白いのです。昔からある所も皆そのようになっているものばかりのようです。とりわけ、本当の山奥に人が住むことはできないのです。だから、山家(やまが)に擬えた家の付近に少しばかり滝を畳み、その辺りに木を植えようとしてもなんの差しつかえもないのではないでしょうか。滝の付近には木を植えないというこの条は全く採用すべきではありません。

一、宋の国の人が言うには、山または川岸の石が崩れ落ちて崖下にも谷底にもあるのは、昔から崩れ落ち崩れ落ちして、元の頭が根になっていたり元の根が頭になっていたり、また峙っているものもあれば仰向けに臥せているものもあるが、さて、年月が経って色も変わり苔も生えてくるのは人の仕業ではなく己が自らしたことなのだから、そういう自然の定めの前では、石を立てようとしようが臥せようとしようがなんの差しつかえもあるはずがないと。(以下略)

一、池は亀または鶴の姿に掘りなさい。水は器物に従ってその形をなすものです。また、祝言を仮名で書いた姿などを思い合わせて掘るようにします。

一、池は浅くしなさい。池が深ければ魚が大きくなり、魚が大きくなれば悪虫となって人を殺します。

一、池に水鳥が常にいれば、その家の主人は安楽に暮らせます。（以下略）

一、池尻の排水口は未申の方角（南西）に造るようにします。青竜のつかさどる水を白虎のつかさどる道へ向かわせて有害な気を出さねばならないからです。また、池は常に浚わなければなりません。

一、戌亥の方角（北西）に排水口を開けてはいけません。ここは奇福を保つ所だからです。

一、遣水を流すことについては、東の方角から家屋の内側を通し、南西へ向かわせて諸々の有害な気を洗い清めさせるようにします。これは、青竜のつかさどる水で諸々の有害な気を白虎のつかさどる道へ洗い出させるということです。こういう所に人が住めば、その人は他人から呪いをかけられることもなく、悪性の腫れ物もできず、伝染病にかかる心配もないと言われています。

一、石を組む場合、母石を臥石にする時は、左右の脇石や前石に立石を使わなくても構いません。母石を立石にする時には、左右の脇石や前石に臥石などを必ず使わなければなりません。立石だけをただ一本ずつ兜の星などのように立てておくことは全くもって滑稽な話です。

一、屋敷の中で昔のままの所にひょっとして祟りをなす石などがあれば、その石に打ち勝つ色をした石を一緒に組んで色を混ぜ合わせれば祟りをなすことはないと言われています。また、三尊仏の立石を遠くに組んでそれに向かい合わせろとも言われています。
一、家屋の軒近くに三尺（九〇センチメートル）を上回る石を組むことは特に慎みなさい。三年以内に主人の身に一大事が起きます。また、石を逆さまに組むことも大いに慎まねばなりません。東北院に蓮仲法師が組んだ石の中に禁忌を犯していることが一つございます。それがこれです。
ある人が言うには、人が組んだ石は自然の風景に勝るはずがないと。但し、多くの国々を見ますと、ある所にはああ面白いものだなあと思われることがあるのに、すぐその付近には取り止めのないものがあるという事が数多くありました。人が石を組む時には、そういう面白い所々ばかりを庭のあちらこちらに模倣して組み、傍らにその大したこともない石まで取り残しておくことはしないでよいのです。

石を組む仕事をしている間に覚えたことを、長年に亘り人から伝え聞いたままに、その是非を問うこともせず書き留めているところです。延円阿闍梨は石組の秘伝書を伝授された人物です。私もまたその書物を阿闍梨から受け継ぐことができました。この書に書かれている通りに仕事を行い、そのおおよその仕事内容を理解したとはいえ、趣向が尽きることはないのにそこまで考えが及ばないことが多いのです。

但し、近頃ではこういうことに精通している人はいません。ただ自然の風景などを見ただけで、禁忌さえも分からず強引に庭造りをしているようでございます。高陽院（かやのいん）を修造する時も、石を組める人はもう皆いなくなっていて、たまたまこの人はと思って呼び寄せられた者もそれほどにはお気に召さないと、そんな事情からそれもやむを得ぬこととして、宇治殿がご自身でお指図をされたのでした。そういう折には常にお伺いして、石を組む仕事について十分に見聞を広めてまいりました。

その期間に、形の良い石を探して献上する者があればそういう者こそ忠節な人物と認めるのだが、と宇治殿がおっしゃられたという噂話が巷間に広まり、その当時の人間で公卿以下の身分の者は、ことごとく遠くの山まで赴いて名石を探しまわっておりました。

八

一、庭木について

人の住居の四方に木を植えて四神具足の地相に変えることについて

経書には、家より東に流水があるのを青竜の守る地と見なす。もしその流水がなければ柳を九本植えて青竜の代わりとする。家より西に大通りがあるのを白虎の守る地と見なす。もしその大通りがなければ楸を七本植えて白虎の代わりとする。家より南に池があるのを朱雀の守る地と見なす。もしその池がなければ桂を九本植えて朱雀の代わりとする。家より北に丘があるのを玄武の守る地と見なす。もしその丘がなければ檜(うつぎ)を三本植えて玄武の代わりとすると書かれています。このようにして四神相応の地相に変えて住めば、その家の主人は官位福禄が具わって無病長寿だと言われています。

一般に、木は人間の世界では最高級の装飾品です。だから、孤独長者が祇園精舎を造り釈迦に献上しようとした時も、木の値段に悩まされたのでした。けれども祇陀太子の心の内は、一体どこの孤独長者がありったけの黄金(こがね)をあの土地に敷き詰めて、その代価に得た土地に精舎を造りお釈迦様に献上しようというのか。私は決して木の代金までも請求するつもりではない。これは私の方から直接釈迦に献上することにしようと言って、あの土地に植えられている木を皆お釈迦様に献上されてしまいました。このような訳で、この所を祇樹給孤独園と名付けたのです。祇陀太子が木を植えた所に孤独長者が開いた園といった意味なのでしょう。

秦の始皇帝が国中の書物を焼き捨て儒者をことごとく生き埋めにした時も、植栽に関する書物は除くようにとの仰せを下されたとか。釈迦が仏法を説き神が降臨される時も、木を拠り所にされました。人家にはとりわけこの仕事が必要なのだとか。

庭木は、青竜・白虎・朱雀・玄武の代わりに植える木のほかは、どの木をどの方角に植えようと思うようになせばよいでしょう。但し、昔の人が言うには、東には花の咲く木を植え、西には紅葉する木を植えろということです。もし池があるのなら、島には松や柳を、釣殿の付近には楓のような夏の木立が涼しげになりそうな木を植えなさい。

槐は門の付近に植えなさい。大臣の家の門に槐を植えて槐門と名付けるのは、大臣は人を手なずけて君主に仕えるようにさせる役職だからだとか。

門前に柳を植えることには何かいわれでもあるのだろうか。但し、門柳はそれ相応の身分の者、またはその時の権門の家に植えるべきだとか。これを差し止めることはできませんが、卑しい身分の者の家に門柳を植えるのは見苦しいことなのだとお伺いしました。

主人が常に顔を向ける方向の近くに榊を植えることは慎むべきだという話をお伺いしたことがございます。

門の中心に当たる所に木を植えることは慎みなさい。閑の字と同じになるからです。

方形または円形の土地の中心に木を植えると、その家の主人は常に苦しむことになります。方円の中に木があると困の字と同じになるからです。また、方円の土地の中心に家屋を建てて住むと、その家の主人は拘禁されてしまいます。方円の中に人の字があると囚獄の囚の字と同じになるからです。このようなことに至るまでも配慮をして木を植えなければなりません。

九

一、泉について

人家に泉は必ずあってほしい事項です。暑気を払うのに泉に及ぶものはありません。だから、中国人は必ず作泉をこしらえて、あるいは蓬莱山を模倣したり、あるいは獣の口から水を吐き出させたりするのです。インドでも、須達長者が祇園精舎を造っていたら堅牢地神がやって来て泉を掘りました。甘泉という泉がこれです。わが国でも、聖武天皇が東大寺を造られていたら遠敷明神が来て泉を掘りました。羂索院にある閼伽井がこれです。このほかにも教え切れないほどの例があります。

泉は、冷水を見つけて、建物を造り・大井筒を建て・簀の子を敷くのが通例です。冷水が見つかってもその所を泉にするのが不都合であれば、泉にしたい所まで地面を掘って水を流し入れるようにしなさい。あからさまに水を引き入れたようにしたくないのなら、地面の中に箱樋を泉の中まで伏せ通して、その上に口径の小さい管（パイプ）を立てるようにします。もし冷水の水位が泉よりも高いのであれば、樋を、取水口の部分を高めその先を次第に下げて泉の中まで通して、その上に中ぐらいの口径の管を据えなさい。但し、その管の高さを水の給水口の高さよりももう少し低くすれば、その水は管からあふれ出します。伏樋を長持ちさせたいと思うのなら、石を蓋のカバーとしてかぶせなさい。または、十分に焼成した瓦を代用しても悪くはありません。

作泉にして井戸の水を汲み入れるには、井戸のすぐ脇に大きな水槽を台の上に高く据えて、その下から前記の通りに箱樋を伏せて、水槽の端から箱樋の上までは竹の管を立て通して水を汲み入れれば、水は押されて泉の管からあふれ出して涼しく見えます。

泉の水を周囲のどこへも漏らさず底へも漏らさないようにする手順

まず、水をせき止める井筒の止板を隙間ができないように作り上げて地面の中へ一尺（三〇センチメートル）ぐらい掘り入れなさい。その埋まってしまう所は板を継ぎ合わせても構いません。次に、底の土を掘り捨てて、良質の粘土に水を加えて柔軟に打ちなしたものを厚さ七、八寸（二一～二四センチメートル）ぐらい塗り込んで、その上に、上面の平らな石を隙間なく押し込みながら並べ据えて乾燥させて固定し、その上に、また平らな石の小型の土器（かわらけ）ほどの大きさのものを底へは押し込めずにただ並べ置いて、その上に、黒や白の清らかな小石を敷きます。

ある説によれば、作泉は、地面の中へ掘り入れないで、地面の上に筒を建て上げて、中の水を少しも残さず筒の端から出せるようにこしらえるべきだということです。汲み水は一、二夜過ぎれば腐って臭くなり虫がわいてくるので、常に水を入れ替えて、底の石も筒も十分に洗浄して、使用する時に水を入れるのです。地面の上に高く井筒を建てる時も、止板は地面の中へ掘り入れるようにします。粘土を塗る手順は前記の通りです。止板の外周も土を掘って粘土を塗り入れるようにします。

簀の子を敷くことについては、井筒の板から先端が少し出るほどに敷くという説があります。泉を広くして、立板から二、三尺（六〇〜九〇センチメートル）水面上へ乗り出して釣殿の簀の子のように敷くという説もあります。こちらは、泉へ降りてゆく時に下の方が小暗く見えて、ちょっと気味の悪い感じがします。但し、どちらにするかは、造る側の都合に従い造る人の好みによって決めればよいでしょう。

今現在、住居よりも高い地点に掘り井戸があるのなら、泉からその井戸の深さまで地面を掘り通して、井戸の底の水際から箱樋を伏せて水を引き出せば、樋から流れ出る水が絶えることはありません。

十一、雑部

中国人の家には必ず楼や閣と呼ばれる建物があります。どちらも高層の建築物であることに変わりはありませんが、概して言えば、軒の短いものを楼と呼び、軒の長いものを閣と呼んでいます。楼は月を見るためのもの、閣は涼を取らせるためのものです。軒の長い家屋は夏涼しく冬暖かいからです。

第三部　『作庭記』の解読

一

1　石を立てん事まつ大旨をこゝろうへき也

訳文　**石を組む仕事をするには、まずそのおおよその仕事内容を理解しておかなければなりません。**

解説　「立つる」は、今までそこに無かったものが急に姿を現す意ですから、「石を立つる」は、そこへ石を存在させるということになります。立つるがこの意を表す時は、直立させる意との混乱を避けるため、それが一石であっても「組む」と訳すことにします。この立つるを「立てる」と訳すと必ず誤解が生じます。それは、石を立てると言った場合、そのほとんどが実際には石を臥せることを意味するからです。

2　一地形[1]により池のすかたにしたかひてよれくる[2]所々　　5　つへきなり

3　に風情をめ[3]□生得[4]の山水をおもはへて[5]

4　その所々[6]は□[7]こそありしかとおもひよせ〳〵た[8]

訳文　**一、そこの地形により池の姿に従って思い浮かんだ所々に趣向をめぐらして石を組んでゆきますが、自然の風景をあらかじめ考えておき、その所々はそのような風景だったなあと思い合わせながら組むようにします。**

注(1)作庭現場の土地の形状を言うが、既に池が掘られているので、山や野筋などが造られた後の地形ということになる。
(2)『群書類従本』『山水抄』『無動寺乙本』から「よりくる」(寄り来る)の誤写と分かる。
(3)『群書類従本』『山水抄』『無動寺乙本』から「めくらして」(廻らして)と補える。
(4)「生得」は生まれつきの意で、人工の風景(庭園)に対して自然の風景を言う。
(5)下二段活用の他動詞で、「予め考える、予期する、予測する」の意。(120・243〜244行目参照)
(6)作庭者が実際に思はへて用意をしておいた自然の風景の一つ一つを指す。
(7)『群書類従本』『山水抄』『無動寺乙本』から「さこそ」と補える。
(8)本書の第1行目に「石を立てむ事」とあり、2行目以降はその内容を詳述した文章なので、その対象は「石」ということになる。8・11行目の「立つ可き」も同様と考えられる。

解説

この項は、次のように二つの異なる文が一つに合体して書かれています。

「地形に依り池の姿に従ひて寄り来る所々に風情を廻らして石を立つ可し。

一、生得の山水を思はへて、其の所々は然こそ在りしかと思ひ寄せ思ひ寄せ立つ可き也。」

前半の文がこの項の本題で、石をどこに組めばよいのかが書かれています。続いて、その石をどのように組めばよいのかが三カ条に渡って述べられていますが、後半の文はその細目の第一条目に当たります。

さて、池が掘られ山が築かれたら、次は石を組むことになります。そこでまず問題になるのが広い庭

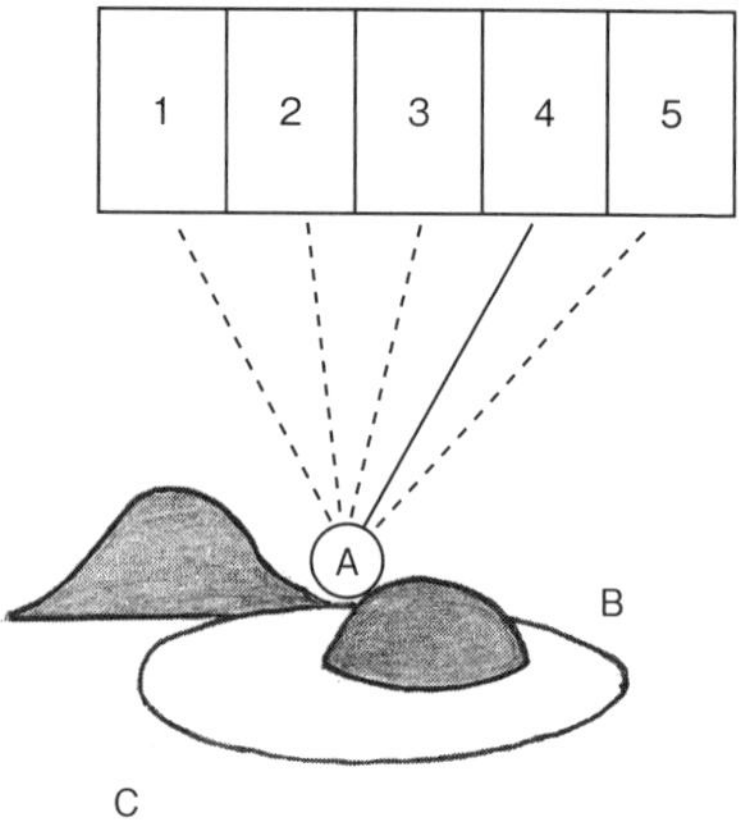

のどこへ石を組めばよいのかということで、その答えを本書では「寄り来る所々」としています。「寄り来る」は、石を組む所々が作庭者の方へ近寄って来るという意味ですから、石を組む現場へ行って山の形や池の姿を見ていると、石を組みたいと思う所々が自然に思い浮かんでくるので、そういう所々に石を組みなさいと言っていることになります。即ち、作庭者が自分の感性に従って自由に決定をすればよいということです。

次に、その寄り来る所々に風情をめぐらして石を組んでいかねばなりませんが、「思はへる」は、あらかじめある事について考えをめぐらす意ですから、「生得の山水を思はへて」は、自然の風景を思い起こして、手本になりそうなものをあらかじめ頭の中に用意しておくことを意味します。「思ひ寄せ」は、ある事を他の物事と関連づけて考える意で、この場合は、用意しておいた生得の山水を寄り来る所々と結び付けて考えるということになります。分かりやすく図解しますと、寄り来る所々が例えば図1のA・B・Cと決まり、そのAの所に石を組む場合、あらかじめ用意しておいた自然の風景（図では仮に五案とした）の一つ一つをAの所と結び付けて考えて、それらの中から、そこに最もふさわしいと思われる風景を選び出して石を組むということです。

図1

6 一むかしの上手のたてをきたるありさまをあと、[1]
7 して家主の意趣を心にかけて我風情をめくら
8 してしてたつへき也[2]

訳文 一、昔の名人が残しておいた作品を手本とし、その家の主人の意向を考慮し、独自の趣向をめぐらして組むようにします。

注(1)「たておき」（立て置き）「十一世紀初期のころ、国語の音韻の歴史の上に大きな変化が生じて、それまで別音として区別されていた語頭のオとヲが同一の音になったり、語中・語尾のハ・ヒ・フ・ヘ・ホとワ・ヰ・ウ・ヱ・ヲが同一の音になってしまったために、これらの音節を表記するのに、それぞれ二種類の仮名があることになる結果となった。」（築島裕（ひろし）『平安時代の国語』東京堂出版）

(2)『山水抄』には「廻シ可立」と、『無動寺乙本』には「めくらしてたつへき」と書かれているので、無用の重複だろう。

9 一国々の名所をおもひめくらしておもしろき[1]
10 所々をわかものになしておほすかたをそのところ[2]
11 になすらへてやはらけたつへき也[3]

訳文 一、国々の名所を思いめぐらして、面白いと思う所々を自分の物とし、庭全体をその所に似通わせて分かりやすく組むようにします。

注(1)範兼が『五代集歌枕』を著した頃から歌枕が名所の意に限定されるようになり、平安時代末期から鎌倉時代初期には同義になっていた(『王朝語辞典』東京大学出版会)というので、歌枕を指すと考えてよいだろう。

(2)「小姿」という言葉はないが、小姿(部分)が幾つか集まって大姿(全体)になると考えれば分かりやすいだろう。これを庭園に当て嵌めると、池や山や島などの部分が集まって庭全体が構成されるので、「地割」の意と取ることもできる。

(3)言葉は用いないが、造園も文学などと同様に表現芸術と考えられるので、「平易にする、分かりやすくする」の意。

解説 この項は、和歌に詠まれた名所(歌枕)の風景を庭園の主題とすることについて書かれたものですが、その名所の風景が簡単に庭に写せるというのではありません。ほとんどの平安貴族は国々の名所を実際に見たことがないからです。この時代の貴族文化は平安京とその周辺の狭い地域に限定されたものであり、住み慣れた都を離れて国々の名所をわざわざ見に行く者などはいなかったのです。では、彼らがどうやって歌枕の風景を認識していたのかと言えば、それは、和歌や絵画といった文物を通して共通の知識を獲得していたのです。但し、このように、歌枕を貴族たちの共通の知識によって成立する名所とするなら、その名所は言わば想像の世界のものであり、中には、実際の風景とは大きく乖離するものも存在します。たとえば、奈良の香具山は、実際には比高五〇メートルほどの小さな山ですが、歌人たちの間では、天を突くほどの高山で、白雲が掛かり、氷結した滝が落ちていると認識されていたようです。(安田純生『歌枕試論』和泉書院)しかし、それはそれで構わないのであり、仮に、実際の風景を知る人がその誤りを指摘したとすれば、それは野暮なことであり、逆にその人の方が認識不足を問われかねないのです。歌枕とは、言うなれば平安貴族の観念の中にのみ存在する名所なのです。

このように、貴族たちの間に共通の知識として獲得された数々の名所を思いめぐらして、その中から面白いと思う所々を選び出して庭を造る訳ですが、その選考に関しては次の論文が参考になります。

「あまり行動的でない王朝貴族にとっては和歌や絵画を通してしか認識されないものが多い個々の名所・歌枕の成立する契機は、単純な風景美ではなかった。それは第一にその地名が言葉としてのおもしろさを持つこと。第二にその地名がある様式的な絵柄を想像させること。第三にその地名が何か人事的なものを連想させることであった。総じて言えば、地名が現実の風景から切り離され、むしろ何らかの観念の象徴に転化した時、名所・歌枕は詩語として確立するのである。」(目崎徳衛『王朝のみやび』吉川弘文館)　論文の最後に「詩語として確立する」と書かれていますが、これを「庭園の主題として確立する」と言い換えることもできると思います。本文にある「面白き所々」とはこのようなことを言うのではないでしょうか。

こうして庭園の主題が決定したら、次はそれを庭に写す段となりますが、如上のように、これはほとんど虚構の世界に属する話ですので、その名所について詠まれた昔の歌などを参考にして、実際には見たことのない名所のイメージを自分なりに作り上げなければなりません。この余計な作業を本文では「我が物に成して」と言い表しています。また、こうしてできあがった青写真を基に名所の風景を庭に写したとしても、それがどの名所なのかを見る人が見分けられなければ何の意味もありません。そこで、最後に「和らげ立つ可し」（分かりやすく造りなさい）と老婆親切な一言が付け加えられているのです。

なお、この名所写しの作庭法は王朝時代に流行したと思われているようですが、その例証として挙げられるのが、長いこの時代を通して河原院と六条院の二つだけというのは心許ない限りです。塩釜を写した源融は、自邸の池へ海水を運ばせ、水辺で塩を焼く煙を立てた風流人であり、天橋立を写した大中臣輔親も、月の光を入れるために寝殿の南の廂をわざと差さなかったほどの風流人であり、また、本書の著者に凝せられている橘俊綱も、伏見亭の築山を猪名山に見立て、雪の降る日には旅人に扮した者にその山道を通させて来客を喜ばせたという風流人であることなどからして、この名所写しは、後に記載のある山里の庭（83~92行目）と同様に、こういう一部の数奇者を対象にした趣向とみるべきであり、一概にこの時代に流行したとするには無理があるようです。『作庭記』の説く庭造りの基本はあくまでも「生得の山水を思はへて」であり、名所写しはその特例にすぎないのではないかと思います。

12 殿舎をつくるときその荘厳[1]のために山をつき[2]

13 しこれも祇薗図経[3]にみえたり

訳文　殿舎を造る時その装飾のために山を築いたと、これも祇園図経に書かれています。

注(1) 堂塔や仏像などを厳かに飾ること。
(2) 連体形なので、引用を表す格助詞の「と」を補うべきだろう。
(3) 唐の乾封二年（六六七）に終南山の澂照大師が霊感によって書いたもので、祇園精舎に関する詳細な記載があるが、後世の偽作ではないかと言われているそうだ。

解説　「一、精舎ヲ立テ、殿舎ヲ造ル時、為其荘厳山ヲツキ、池ヲホリ、石ヲ立テ、水ヲ流シ、泉ヲホリナドスル事、天竺ヨリ起リ、唐土ヨリ伝ハレルナリ　須達精舎ヲ造テ、尺尊ニタテマツリシ時ハ、八大竜王来テ、山水ヲナシ、山ノ頂ヨリ水ヲ落シ、精舎ノ東ヨリ南ヲ経テ、西へ廻シ、ケダモノノ口ヨリ各四方へ流出ス事、四大河ノゴトシ　其精舎ノ前ニハ橋ヲワタセリ　委クハ祇園図経ニ見エタリ」（『山水抄』）

「一、精舎ヲ立テ殿舎ヲツクル時其シヤウコンノタメニ山ヲ築テ池ヲ堀リ石ヲ立遣水ヲ流シ泉ヲホル事ハ中天竺ヨリオコリ唐土ヨリツタハリタル也須達精舎ヲ造テ釈尊ニタテマツリシ時八大龍王來テ山水ヲナシテ山頂ヨリ水ヲオトシ精舎ノ東ヨリ南西へ経ナカシ獣ノ口ヨリ水ヲ各四方へナカシクタス事四大河ノコトシ其精舎ノ前ニハ橋ヲワタセリ是モ祇園図経ニ見タリ」（『無動寺甲本』）

上記の二つの異本の記述内容から、祇園図経に書かれていたのは、殿舎を造る時、その荘厳のために山を築いたということではなく、祇園精舎を造る時、八大竜王が庭造りを請け負い、水を流して橋を架けた逸話なのだと分かります。よって、『谷村家本』には、これらの記述の多くが省略されているものと思われます。しかし、それを正確に復原することはできません。『山水抄』の「東ヨリ南ヲ経テ、西へ廻シ」と書かれた一節は、編者が『作庭記』の水の流し方と符牒を合わせた可能性が高く、古代インドの仏教寺院に、千数百年後の寝殿造りの庭と同じ水の流し方がされていたとは信じられません。

14 池をほり石をたてん所[1]には先地形をみたて[2]
15 たよりにしたかひて[3]池のすかたをほり
16 島々をつくり池へいる[4]水落ならひに池のしり[5]
17 をいたすへき方角をさたむへき也

訳文　池を掘り石を組む所では、まずその地形の良否を見きわめて、好都合な地形に従って池の姿を掘り島々を造り、池へ水を落とし入れる方角、ならびに池尻の水を流し出す方角を決定します。

注(1) 庭園予定地、造園工事現場のこと。
(2) 地形の良否を見きわめる意。現場の地形をよく観察して、どの地形が池や山などを造るのに適しているのかいないのかを見きわめる。
(3) 都合の良いもの、便宜を得たものの意。地形を見立てた結果、池や山などを造るのに好都合と判断された地形を指す。「隆きに就きては小山を為り、窪みに遇ひては小池を穿つ。」（『池亭記』）
(4) 次の行の「出だす」と同様に「入るる」と他動詞にすべきだろう。
(5) 『群書類従本』『無動寺乙本』には「池のはしり」と書かれているが、誤写だろう。（63〜64行目参照）「尻」は末端の意だから、「尻を出す」は排水を意味することになる。

解説　この項に当たる『山水抄』の記述は『谷村家本』よりも長く具体的です。そのため、『谷村家本』には前項同様多くの省略があるのではないかと疑われます。しかし、『谷村家本』の記述は、内容が整理されていて、その筆勢にも淀みがありませんが、『山水抄』の記述は、内容を詰め込みすぎたために焦点が定まらず、いかにも散漫な文章となっています。編者の改ざんの跡を窺わせる証しです。

「池ヲホリ、石ヲ立ツベカン所ニハ、地ヲ引テ水ヲ落シテミルニ、水ノミナカミ下リテ、水淀ミヌベクハ、其用意ヲイタシテ後、家ノ柱ヲ石スヱ、シズムベキナリ　其地形ヲ得タラン便リニ従ヒテ、庭ヲノコサンズル丈数ヲ定メ、山ヲツカンズル土代ノ程ヲノコシテ、池ノ姿ヲバ絵図ニマカセテ、以糸裳ノ腰ヲ置クガゴトクニ、其形ニ縄ヲ操置キテ、其ママニ掘ル可キナリ　島必絵図ニ従ヒテサキノゴトク、縄ヲ置キ廻シテ、カタクツケテ、其形ニ残シ置ク可キナリ　次ニ池へ入水落、池ノ尻ヲ出ス方角ヲ定ム可シ」

（『山水抄』）

---

17 （をいたすへき方角をさたむへき也）[1]南庭[2]を丶く
18 事は[3]階隠の外のはしらより池の汀にいたるまて
19 六七[4]丈若[5]内裏儀式ならは八九丈にもをよふへし
20 [6]拝礼事用意あるへきゆへ也但[7]一町の家の南面
21 にいけをほらんに庭を八九丈をかは[8]池の心いく
22 はくならさらん歟よく〳〵用意あるへし[9]堂社
23 なとには四五丈も難あるへからす

訳文　南庭を設けることについては、階隠しの外の柱の所から池の水際に至る所までの広さは六、七丈（一八～二一メートル）、もし、宮中の儀式に使用される場合には八、九丈（二四～二七メートル）もの広さが必要になります。拝礼の儀を行うために用意しておかなければならないからです。但し、一町の家の南正面に池を掘るのに南庭を八、九丈も取ってしまえば、池の中心部の大きさはどれほどにもならないのではないでしょうか。その辺は十分に配慮をしなければなりません。堂舎などの場合は四、五丈（一二～一五メートル）もあれば問題はありません。

注(1)寝殿と左右の中門廊とに挟まれた内側の平庭を指すと考えられている。
(2)「置く」　この置くは「配置する、地割する」の意で、置くがこの意を表す時は「設ける」と訳すことにする。
(3)寝殿正面の中央階段上に張り出した屋根のことで、その前方（外側）に廂を支える柱が二本立っている。
(4)一尺の十倍。平安京建造時の造営尺は、杉山信三（のぶぞう）博士の提唱された〇・九八七現行尺（二九・九一七センチメートル）が通用しているという。
(5)内裏への作庭を意味するのではない。当時の貴族にとっては、自邸に天皇を迎えることや、自邸が里内裏として利用されることが無上の喜びだったので、そういう場合を想定しての配慮と思われる。
(6)「拝礼は、南庭に主人と客とが身分の序列に従って整列した上、礼を交わす儀礼で、内裏の儀式の時、より広い南庭が必要なのは、貴族住宅では客（公卿・殿上人・諸大夫）が南北に二、三列に並んで拝礼を行うのに対して、内裏では位階の順に南北十列程度に並ぶからである。」（川本重雄『寝殿造の空間と儀式』中央公論美術出版）

(7)平安京では、難波京の規定に倣い、「六位以下の役人には四分の一町、四位と五位の殿上人には二分の一町、三位以上の公卿には一町の宅地」が与えられた。『中右記』に「如法一町之家」などと書かれていることから、一町は寝殿造り住宅にとって一つの標準となる大きさで、『作庭記』もこれを基準にして説かれていると考えられている。一町は四〇丈（一二〇メートル）四方の広さで、四四四四坪に相当する。

(8)池の真中の意。20行目の「家の南面」に対応していると考えられるので、家から真っ直ぐ南を見た時に見える水面の広さを指すと思われる。

(9)「堂社」という言葉はない。「堂舎」の用字違いで、邸内に造られた持仏堂、あるいは念誦堂（ねんじゅどう）と呼ばれる宗教施設を指すのではないだろうか。浄土教の普及に伴い、貴族たちの間に寺院を持ちたいという願望が昂まってくるが、京内には東寺と西寺を除き寺院を建ててはならないという不文律があり、彼らにはこのような形でしか寺院を持つことが許されていなかった。

参考　「内裏の火災などにより、一時的に皇居として用いられた京中（里）の公家邸宅のことを里内裏と言い、一般には貞元元年（九七六）に内裏が焼けた時、円融天皇が遷御した藤原兼道の堀川第をもってその初とする。その後、一条・三条天皇代をはじめとして内裏

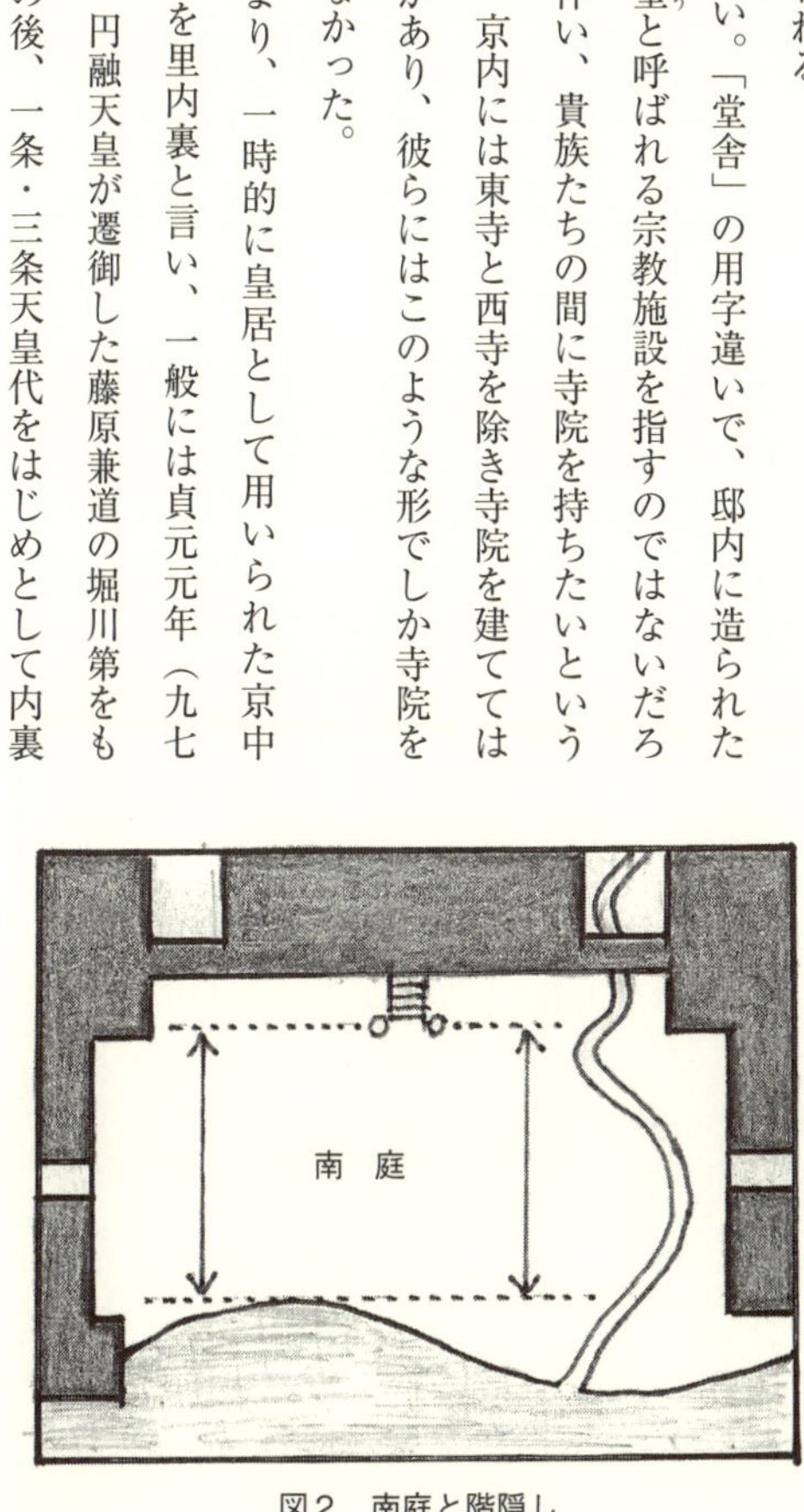

図2　南庭と階隠し

の火災が相次いで起り、彰子の一条院、道長の東三条殿・同枇杷殿、頼道の高陽院・同閑院などが里内裏にあてられた。内裏の焼亡・再建がくり返される中で里内裏を利用することの方が多くなり、それに伴い邸内の既存の建物を内裏殿舎に模して紫宸殿や清涼殿として用い、あるいは永久五年（一一一七）の土御門殿のように、当初からその目的をもって造作がなされるようになり、里内裏が事実上の皇居となった。」（滝浪貞子『京都事典』東京堂出版から）

24 又島をゝくことは所のありさまにしたかひ
25 池寛狭[1]によるへし但しかるへき所[2]ならは
26 法として島のさきを寝殿のなかはにあて、ゝ
27 うしろに楽屋[3]あらしめんことようゐある
28 へし楽屋は七八丈にをよふ事なれは島は
29 かまへてひろくおかまほしけれと池による
30 へきことなれはひきさかりたる島なとをゝき
31 てかりいたしき[4]をしきつゝくへきなりかり
32 いたしきをしくことは島のせはきゆへなり
33 いかにも楽屋のまへに島のおほく[5]みゆへき也
34 しかれはそのところをゝきてふそくのところに
35 かりいたしきをはしくへきとそうけたまはり
36 おきて待る

訳文　また、島を設けることについては、その所の様子に従い、池の広狭によって決めればよいでしょう。
但し、それ相応の所でしたら、原則として島の先端を寝殿の半ばに当てて、後方に楽屋が置けるようにしておかなければなりません。楽屋の大きさは七、八丈（二一～二四メートル）にも及ぶので島は是非

とも広くしたいのですが、池の大きさにもよるので、後方へ下げた島などを設けて仮板敷を敷き続けるようにします。仮板敷を敷くのは島が狭いからです。なんとしても楽屋の前方にはその島の多くの部分が見えていなければならないのです。だから、その所は除いて、楽屋を置く場所が足りなくなった所に仮板敷を敷くのだと伺っております。

注(1)所の有様（現場の立地条件）に従って、大きな池が造れるか小さな池しか造れないかという意味。
(2)儀式に備えて楽屋を置けるようにしておかなければならない所の意。
(3)漢文訓読では目的格には「を」を伴うのが一般的なので、「楽屋を」とすべきだろう。「楽屋」は、舞楽の時、楽人（がくにん）が演奏をしたり、舞人（まいびと）が装束を着けたりする所。
(4)仮設の板敷の床。
(5)「多く」　楽屋の前方にはその島のより多くの部分が見えていなければならないという意味。そのためには、楽屋はできるだけ島の後方へ下げなければならない。島が大きければ問題はないが、島が小さければ、その結果楽屋は池の上へはみ出してしまうことになる。その救済策として仮板敷が敷かれる。

解説　26行目の「島の先」は、島が寝殿側へ最も張り出した先端を指します。ここを寝殿の中央部に当てれば、島の奥行きが最大限に生かせ、楽屋を後方へ下げて前方に広いスペースを作りだすことができます。30行目の「引き下がりたる島」については、『山水抄』の「引下リタル小島ナド置テ」という記述を鵜呑みにする人もいるようですが、池が小さくてそれ以上大きな島が造れないのに、もう一つ別の島を造るというのはナンセンスです。これは後方へ引き下げた島の意で、本来なら池の中央寄りに置かれるべき島を後方へ引き下げて対岸に近付けることを意味します。こうすれば、島の上に楽屋を置く場所が足りなくなっても、対岸へ仮板敷を敷き渡すことでその問題を解決することができます。また、「島等」とあるのも、複数の島を意味するのではなく、それ以外の解決策のあることを仄めかしています。たとえば、図3bのように出島を利用すれば、必ずしも島を後方へ引き下げる必要はありません。どんな方法でもよいから、島が小さい場合には仮板敷が敷けるようにしておきなさいという意味です。

仮板敷の大きさはここには書かれていませんが、毎年近国から送られる宇治橋の橋板の寸法が、「長さ三丈（九メートル）広さ一尺三寸（四〇センチメートル）厚さ八寸（二五センチメートル）」と『延喜式』に定められていたというので、それなりの大きさの用材が入手できたのではないかと思います。

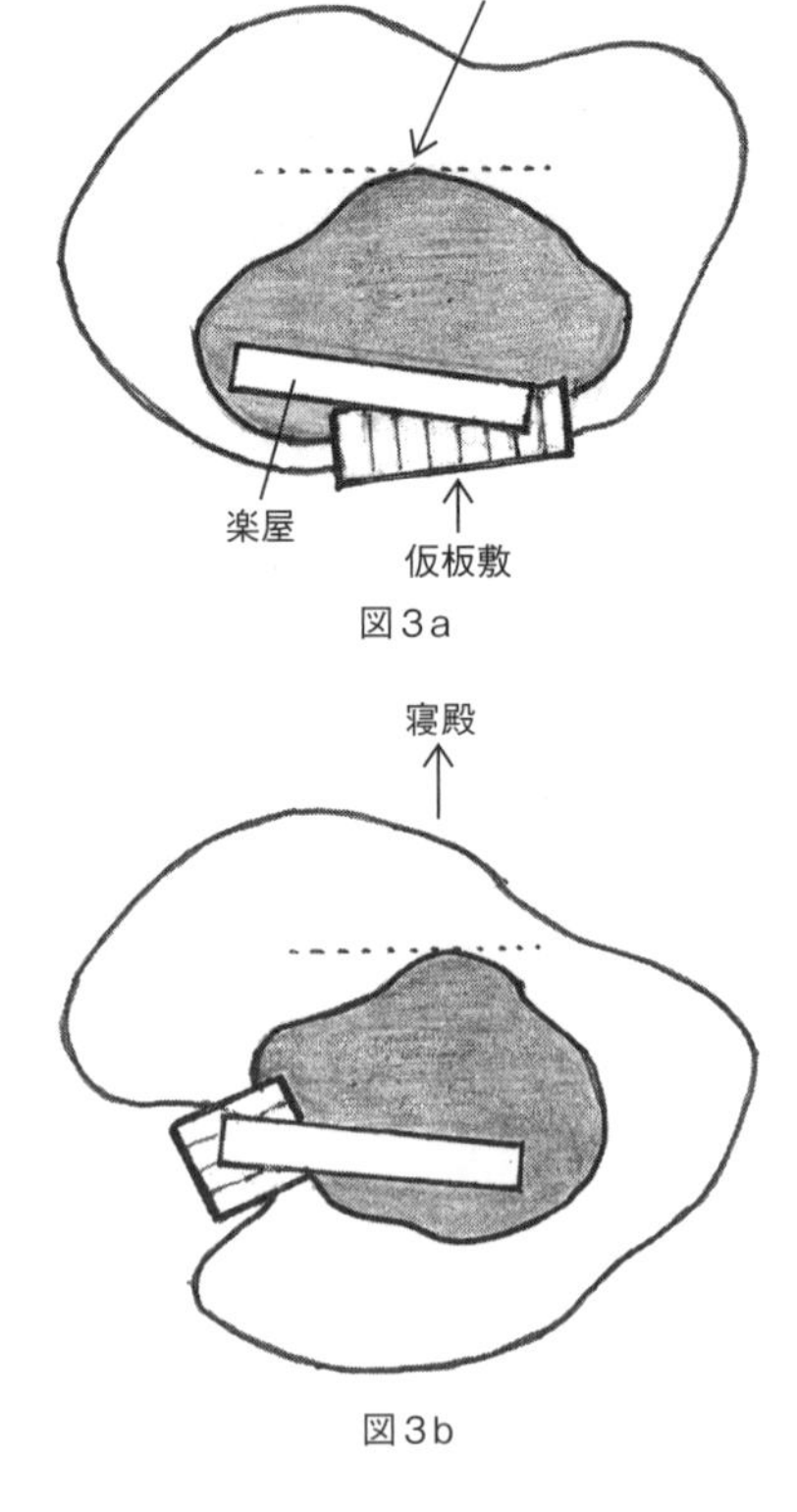

図3a
図3b

あるいは、そういった橋板の古材などを貰い受けて再利用していたのかもしれません。またそのしつらいは、高倉天皇が法住寺南殿に行幸した時には、仮板敷の上に筵を敷き、さらに砂を撒いて、その上に楽屋を置いたということです。

36（おきて侍る）又そりはしのしたの晴の方より
37 みえたるはよにわろき事なりしかれは橋の
38 したには大なる石をあまたゝつるなり

訳文 また、反橋の下が晴の側から見えるのは本当にまずいことです。だから、橋の下には大きな石をたくさん組むのです。

解説 通常、反橋の下の大部分は水面で、通船の都合上ここに石を組むことはできません。北の橋詰の裏側は晴の側からは見えませんので対象外になります。残る南の橋詰の裏側がこの「反橋の下」に当たると思われます。『山水抄』には「反橋下ノ土」と書かれていますので、橋台のあたりの土がむき出しになっているのをみっともないと感じたのだと思います。ここになんらかの修景を施すために「大きなる石を数多立つる」訳ですが、この「立つる」が「立てる」の意でないことは改めてことわるまでもありません。

なお、「晴」は、寝殿造り住宅の中で儀式を行う側（がわ）（西または東）のことで、『富家語談』によれば、京内の邸の建て様は西を晴とするということですが、大路に面する側を晴とするという習わしもあり、必ずしも一定しないようです。太田静六氏は『寝殿造の研究』（吉川弘文館）の中でこれを西礼の家・東礼の家と言い表していますが、それらを集計すると、西礼の家の方が東礼の家よりもおよそ三倍多く存在するようです。

38（したには大なる石をあまた、つるなり）又島
39より橋をわたすこと正く橋かくし[1]の間の中心
40にあつへからす、ちかへて橋の東の柱を橋かくし[1]
41の西のはしらにあつへきなり

訳文　また、島から橋を渡すことについては、橋を正確に階隠の間の中心に当ててはいけません。斜めにして、橋の東の柱を階隠しの西の柱に当てるようにします。

注(1)「階隠し」の誤字。「階隠の間」は、寝殿正面の中央階段を上り、簀の子を通った奥にある部屋のことで、「日隠の間」とも呼ばれる。ここには上皇などの座が設けられることもあるので、橋をその中心に当てると、貴人と橋を渡る下人とが正対してしまうことになる。橋を筋違える理由はそれを避けるためだろう。

解説　本書の説く橋の架け方は、橋の東の柱の延長線を階隠しの西の柱に当てるということですから、条件が付けられていなければ図4aのようになります。しかし、「筋違へて」は、基本となる直線に対してそれと交差させる意、つまり斜めにすることですから、図4bが正しい橋の架け方ということになりま

す。なお、『山水抄』には、この項の前に次の拙劣な一文が挿入されていますが、橋を筋違える理由としては正鵠を射ていないようです。「凡橋ハ筋違テ、鷹ノ羽ヲウチワタシタル程ナラント見エタルガ、百白キナリ」

41（の西のはしらにあつへきなり）又山をつき
42野すちをゝくことは地形により池のすかたに
43したかふへきなり

訳文　**また、山を築き野筋を設けることについては、そこの地形により池の姿に従って決定します。**

解説　「野筋」は、一般に次のようなものと考えられています。「低く土を盛ってゆるやかな起伏をつけた丘、あるいは築山の裾のゆるい斜面などをさす。王朝貴族の好んだ行楽地としての、野のなごやかな景色を庭に写そうとしたもので、前栽として野の草が移し植えられ、所々に穏やかな臥石が配され、低木を添えるなど、野辺の風情を表現したもの。」（『文化財用語辞典』淡交社）

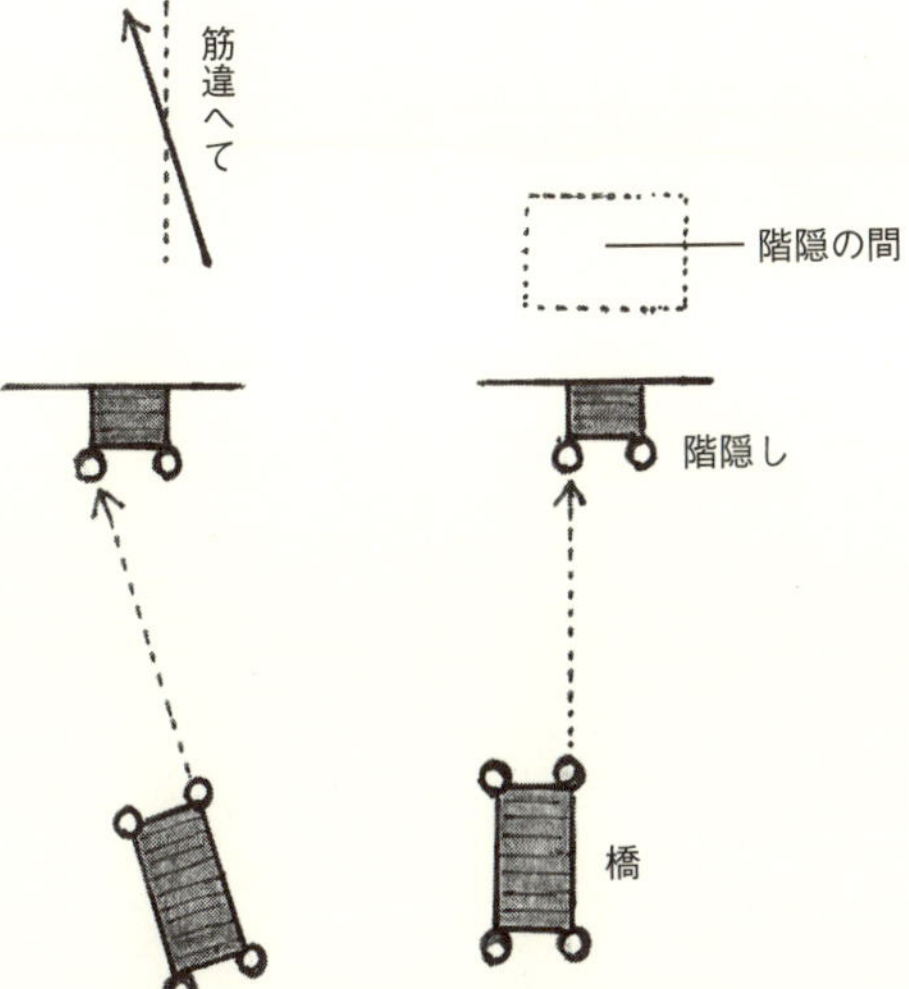

図4b　図4a

しかし、本当にそうだろうか。平安時代の文物で野筋と言えば、まず第一に几帳や壁代の布の合わせ目に垂らす平紐が思い浮かびますが、筋とは、本来そのような細長いものを言うのではないでしょうか。この意を酌んで、「庭園の中に野中の道になぞらえて造った道」と解している辞書もあります。本書には野筋という言葉が九回使われており、その中に「南庭に野筋如きを有らせて」と書かれた一節がありますが、野筋の意義が不明瞭なのでは野筋ごときを造ることはできません。従って、これは、視覚的にもそれと分かる際立った造形を示していなければなりません。しかし、それを示すこの時代の資料は見出せないようです。

野筋という用語が次に使われている造園書は『山水並に野形図』とされていますが、これには、「野筋は先づ、陰陽の二つを作る可し、陽の山は大きく、高く、陰の山は少し低くす可し」「野筋と云ふは只山の風情也、是には石をさして立てず、只、木草を植えて野山の風情を旨とす可し」などと書かれていて、この時代になると、山との相違が不明瞭になり、野筋のレーゾン・デートルは既に失われていたようです。そして、これを期に、「野筋」という造園用語は庭園史上から忽然と姿を消します。『大鏡』には「御堂へまゐる道は、御前(おまえ)の池よりあなたをはるばると野につくらせたまひて、時々の花紅葉を植ゑたまへり」という描写があり、野筋の存在を窺わせますが、野筋は、遺構として残りづらく、また絵巻物類にもそれと認められるものが見当たらず、その実体は不明と言わざるを得ません。（82・145・158・176・430・432・436・473行目参照）

43 （したかふへきなり）又透渡殿[1]のはしらをは
44 みしかくきりなしてゐかめしく[2]おほきなる
45 山石のかとあるをたてしむへきなり

訳文 また、透渡殿の柱は短く切り詰めて、ひどく大きな山石の趣のあるものを組ませるようにします。

注⑴柱と長押（なげし）だけで左右の壁がなく見透かせるようになった板敷きの渡り廊下のこと。本文の透渡殿は、寝殿と東対をむすぶ東透渡殿のことで、通常、この下に遣水が通され、厳めしく大きなる山石は、その反らせた床を支える柱の束石として水の中に組まれる。

⑵「厳めしく」　程度の甚だしいことを表す副詞で、「大きなる」に掛かると解した。

解説 「かど」には「角」と「才」の二通りの意味があり、一般に、本文の「かど」（45行目）は、「角」、即ち「稜角のある石」の意と解されているようです。確かに、この厳めしく大きなる石には稜角のある石がいかにもふさわしく、また『作庭記』の著者もそれを望んでいたようで、わざわざ「山石の」という言葉を使ってその用石を限定しています。山石とは、筑波石や鞍馬石などのように、元々稜角のある石のことを言います。したがって、「山石の角有るを」（稜角のある石の稜角のあるものを）は意味が重複することになります。

本書には「かど」という言葉が一一回使われていますが、これが「角」の意で用いられているのは七回で（91・253・256・296・306・450・462行目）、すべて石の一部分の形状を話題にしている時に限られています。これに対し、「才」の意で用いられているのは三回で（114・452・466行目）、いずれも母石（おもいし）に当たる景石に対して使われています。本文の「山石」も、遣水の添景に欠かせない重要な役石であり、やはり景石ということができます。したがって、問題の「かど」は、「才」、即ち「趣のある石」の意と解すのが妥当と思われます。

なお、この項は、『山水抄』には次のように書かれています。

「一、透渡殿ノ柱ノ石ズヱニハ、未ダ柱立テザル前ニ、山石ノ大ニシテ面白ク、カサアランヲスヱテ、柱ヲワリナク切カケテ、其副石ニハホト〃〃下桁ニヲチツク程ナラン石ヲ立テ、尚ヲヒキナラン前石、後石ヲモ立テシム可キ也　古人申侍シハ、透渡殿ヲ反ラス事ハ、此家ヲ立ントテ地ヲ引ニ、此所ニアタリテ、本ヨリ引ノケベキ様ニモナキ石アリケルヲ、力及バズシテ、柱ヲ切懸ケ、板敷ヲ揚ゲタリケルト、思ボシフテ反ラスナリ」

後半部の「古人申侍シハ」以下には透渡殿を反らす理由が尤もらしく述べられています。しかし、その内容が後に記載のある山里の庭の常滑の石（83～92行目）の焼き直しであることは明白です。文中には「地ヲ引ニ」などという語句も見えますが、『山水抄』の編者は、透渡殿の下には遣水が通され、厳めしく大きなる山石はその遣水の中に組まれ、その遣水は自然の河川に擬えられているということを理解していないようです。

45 （山石のかとあるをたてしむへきなり）又
46 釣殿[1]の柱におほきなる石をすゑしむへし

訳文　また、釣殿の柱には大きな石を据えさせなさい。

注(1) 寝殿造り建築に固有の、壁や扉のない吹き放しの建物のことで、多くは中門廊の南端に池に臨んで造られ、詩歌・管弦・納涼・月見・雪見などの際に使用された。

47 又池ならひに島の石をたてんには当時[1]水を
48 まかせて[2]みんことかなひかたくは水はかり[3]を
49 すゑしめてつり殿のすのこのしたけた[4]と水の
50 おもと[5]のあひた四五寸あらむほとをはからひて
51 所々にみきりしるしをたておきて石のそ
52 こへいり水にかくれんほと水のおもてより[5]
53 □[6]んほとをあひはからひへきなり[7]

訳文　また、池ならびに島の石を組む時、その場で水を入れてみることが難しいのなら、水準器を据えさせて、釣殿の簀の子の下桁と水面との間が四、五寸（一二～一五センチメートル）あるように調節し、所々にその水位を示す目印を立てておいて、石をどの位根を入れ水に沈めたらよいか、どの位水の上に出したらよいかを共に調節して組むようにします。

注(1) 今その時にの意。
(2) 水田や池などに水を引き入れること。

(3)水準器のこと。「現在のような測定具のない時代には、細長く浅い木箱を作って水を入れて水平面をつくり、その水平面から一定の高さに水糸（縄）を張って水平を出すという方法がとられた。このような作業を水盛りといい、この器具を水準（みずばかり）といった。」（成田寿一郎（じゅいちろう）『世界大百科事典』平凡社）

(4)釣殿の庇より一段低い所にある幅四尺程の濡れ縁。

(5)この両者は同じ意味を表すが、語調によって読み分けられているようだ。

(6)『群書類従本』『山水抄』から「いてん」（出でん）と補える。

(7)助動詞「べし」は終止形に接続するので、「はからふへき」としなければならない。しかし、本項は、石の計らい方ではなく、石の立て方を述べているので、『山水抄』と同様に「計らひ立つ可き也」とすべきだろう。

---

53 （□）んほとをあひはからひへきなり）池の石は

54 そこよりつよくもたえ[1]たるつめいし[2]を、きて

55 たてあけつれは年をふれともくつれたふる、

56 ことなし水のひたるときもなをおもし

57 ろくみゆるなり

訳文　池の石は、水の底からしっかり支える根石と詰石を据え置いて立て上げれば、何年経っても崩れ倒れることはありません。水が干上がった時にも変わらず面白く見えます。

注(1)『群書類従本』には「もだえ」と書かれているが、「悶ゆ（もだゆ）」（苦しみもがく）の連用形「もだえ」は文意にそぐわない。「持堪ふ（もたう）」（支える、持ちこたえる）の連用形「もたへ（え）」と解すべきだろう。（6行目の注参照）

(2)「詰石」は、組んだ石を固定するために石の周囲に突き入れる小石のことで、これだけで池中に組まれた石を長く保たせることはできない。『山水抄』には「底ヨリツヨクモタエタル根石、ツメ石ヲスヱ置キテ、立上ツレバ」と書かれているので、この「根石」が脱落したのだろう。本文の記述内容は、75〜79行目に記載のある「離石」の施工法と一致するようだ。

57 (ろくみゆるなり) 島を丶くこともはしめより
58 そのすかたにきりたて[1]丶ほりおきつれは
59 そのきしにきりかけ[2]〳〵たてつる石は
60 水まかせてのちその岸ほとひて[3]立たる石
61 たもつことなした丶おほすかた[4]をとりおき
62 て石をたて丶のち次第に島のかたを[5]にはき[6]
63 さみなすへきなり

訳文　島を設けることについても、始めからその姿に切り立てて掘っておくと、その岸に切り崩し切り崩し組んだ石は、水を入れた後にはその岸がふやけて、せっかく組んだ石も保つことができません。ただ大きめの姿を掘り残しておき、石を組んだ後で徐々に望む島の形に削り取るようにします。

注(1) 法面を垂直にして掘る意。
(2) 岸の一部を切り崩しながら組んだ石という意味だから、「切欠（リキ）」の誤読だろう。
(3) ふやけるの意。
(4) 標準となる姿があり、それよりも「一回り大きい姿、大きめの姿」の意と考えられる。

(5)『群書類従本』『山水抄』『無動寺乙本』から「かたち」(形)の誤写と分かる。
(6)変化の結果を示すので、格助詞「に」の誤りだろう。

63 (きさみなすへきなり) 又池ならひにやり水[1]の
64 尻は未申[2]の方へいたすへし青竜の水を白
65 虎の方へ出すへきゆへなり

訳文　また、池ならびに遣水の排水は未申の方角(南西)へ出しなさい。青竜のつかさどる水を白虎のつかさどる方角(西)へ出さねばならないからです。

注(1)寝殿造りの邸内に造られる曲折した流れ。
(2)南西。陰陽五行説(おんようごぎょうせつ)では邪気の出て行く方角とされる。

65 (虎の方へ出すへきゆへなり) 池尻の水を
66 ちの横石[1]はつり殿[2]のしたけたのしたは
67 より水のおもにいたるまで四寸五寸[3]をつね
68 にあらしめてそれにすきは[4]なかれいてんす[5]
69 るほとをはからひて居[6]へきなり

訳文　池尻の水を落とす横石は、釣殿の簀の子の下桁の下端から水面に至るまでの間が常に四、五寸(一二～一五センチメートル)あるようにして、それを超えると水が流れ出るように高さを調節して据えます。

注
(1) 水をせき止めて、その上から水をオーバーフローさせる横使いの石。(409・412・420・422・439行目参照)
(2) 49行目と同様に「釣殿の簀の子の下桁」とすべきだろう。
(3) 数値を示す場合、本書では二通りの表記法が採用されている。不定の数値を示す場合は「四五尺」のように表記され、これは四尺から五尺までの間の不定の数値を示す(19・19・21・23・28・50・220・273・759・778行目)。確定の数値を示す場合は「四尺五尺」と表記され、これは四尺ないし五尺の意で、ある物の標準となる数値を大まかに示す(267・318・318・443・514行目)。この「四寸五寸」は、四寸から五寸までの間の不定の数値を示すので、50行目と同様に「四五寸」と表記すべきだろう。
(4) これが順接の仮定条件を示すなら、「過ぎば」または「過ぎなば」(完了形)となるが、順接の確定条件を示すので、「過ぐれば」または「過ぎぬれば」(完了形)とすべきだろう。『山水抄』には「過(すぐ)レバ」と書かれている。
(5) 平安時代には、専ら会話文に用いられ俗語的な言葉とされていたようなので、他の推量の助動詞の「む」に換えるべきだろう。清少納言もこの言葉を毛嫌いしていたという。
(6) 「据」の略字だろう。

69 (るほとをはからひて居へきなり) 凡滝[1]左
70 右島のさき山[2]のほとりのほかはたかき石を
71 たつる事まれなるへしなかにも庭上に屋
72 ちかく三尺にあまりぬる石をたつへからすこ
73 れを丶かしつれはあるし居と丶まる事な
74 くしてつひに荒廃の地となるへしといへり

訳文　一般に、滝の左右・島の崎・山の付近のほかは高い石を組むことは稀のようです。とりわけ南庭の地表には、家屋の近くに三尺（九〇センチメートル）を上回る石を組んではいけません。これを破ると、主人はそこに住み続けることができなくなり、ついにはその所も荒廃の地となるだろうと言われています。

注(1)『群書類従本』『山水抄』『無動寺乙本』から「の」と補える。
(2)次の項の「島のさき」と同じ所を指すと思われる。

---

75 又はなれいし[1]はあらいそにおき山のさき島
76 のさきにたつへきとかはなれ石の根には
77 水のうへにみえぬほとにおほきなる石を
78 両三みつかなえにほりしつめてその中に
79 たて丶つめ石をうちいるへし

訳文　また、離石は荒磯に設け、山の崎・島の崎に組むのだとか。離石の根には、水の上から見えないほどに大きな石を二つか三つ、三つの場合は三鼎状に埋め込んで、その中に立てて詰石を打ち入れなさい。

注(1)荒磯の風景を造る時、水際から遠く離れた池の中に立てられる役石。「満つ潮に　かくれぬ沖の離れ石　霞にしずむ春のあけぼの」（仲綱）

解説　「置く」は、前述のように「配置する、地割する」の意ですから、始めの文章は、離石は荒磯の風景を造る時に使いなさいということになります。次の「山のさき島のさき」は、その離石を実際に組む場所を示していますが、この二つの「さき」は同じものを指していなければなりません。少し時代のさかのぼった『万葉集』には、「崎の荒磯に寄する波」「磯の崎漕ぎ廻み行けば」「岬の荒磯に寄する五百重波」などと詠まれた歌があり、この時代から荒磯は、「岬」、即ち造園用語に言う出島に造られるものと思われていたようです。「水の上に見えぬ程に」は、「出でぬ程に」とは書かれていませんので、水の上から透けて見えないほどにの意です。78行目の「両三三鼎に掘り沈めて」は不可解な文章ですが、二つの石を三鼎に掘り沈めることはできません。したがって、これは、「三石の場合には」という条件を示す副詞句が省略されたものと考えるのが合理的です。根石を二石にするか三石にするかは、図5に示しましたように、離石の形状によって決定すればよいのではないかと思います。

また、離石の施工順序は、本文には根石を掘り沈めてその中へ立てろと書かれていますが、これは文章を簡潔に表現するための便法で、実際には、離石を先に仮置きしておいて、その後で根石を掘り沈めるという順序になると思います。離石は、荒磯を象徴する景石で、水の上にできるだけ高く

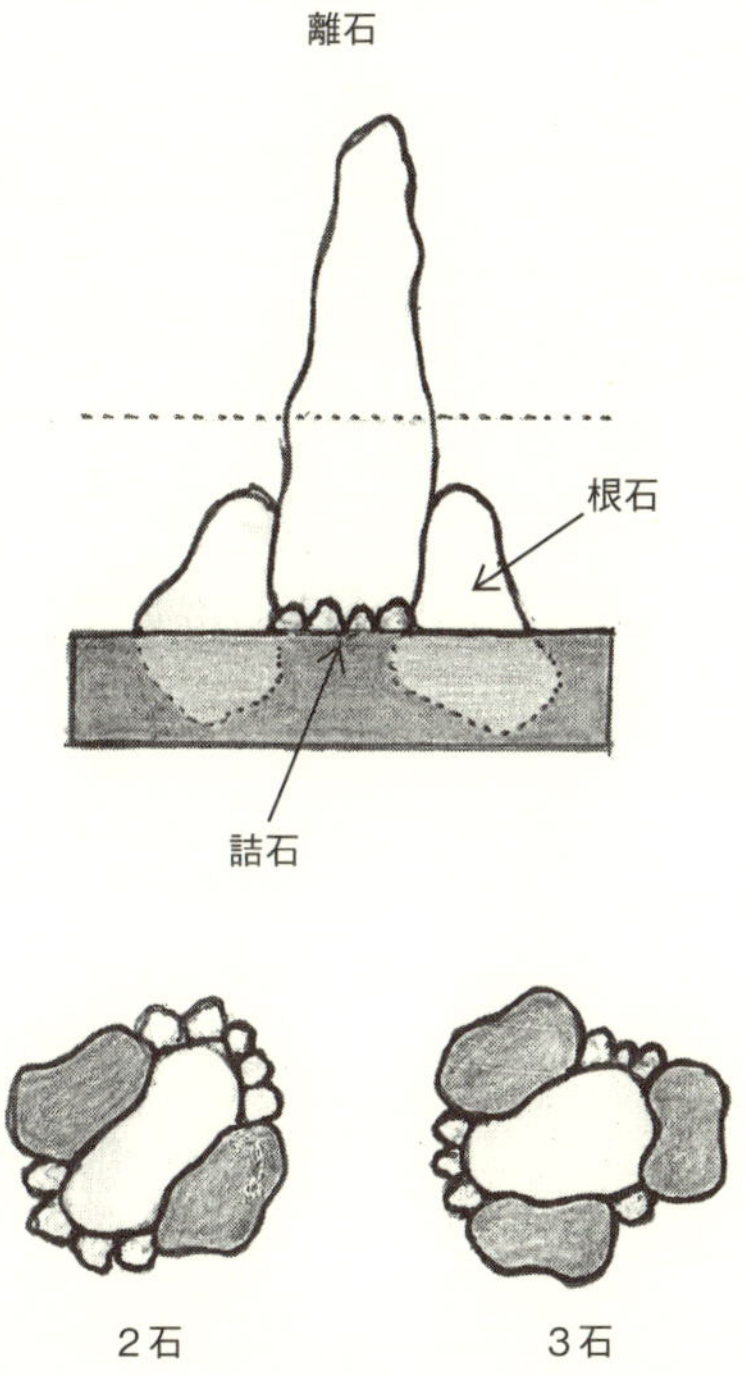

図5

組まなければなりません。そのため、ここでは、石の根を入れず、周りの大きな石で挟んで固定するという異例の施工法が採用されています。

80 一池もなく遣水もなき所に石をたつる事

81 ありこれを枯山水[1]となつくその枯山水の様は

82 片山のきし或野筋なとをつくりいて、

83 それにつきて[2]石をたつるなり

訳文 **一、池も造らず遣水も造らない所に石を組むこともあります。これを枯山水と呼んでいます。その枯山水の造り方は、山沿いの崖、あるいは野筋などを造り出して、それに寄り添えて石を組むというものです。**

注(1)その意義は解説の通りだが、訓は不明とされている。
(2)『群書類従本』『山水抄』『無動寺甲本』『同乙本』と同様に「取り付きて」とすべきだろう。(92・150・150・182・183行目参照)

解説 形容詞「無し」は、本書では様々な意味に使われています。第一は「不存」の意(〜が無い)を表すもので、220・335・345・368・369・375・522・569・587・615・617・647・664・666・668・670・735・757行目の「無し」がこれに当たります。第二は「否定」の意(〜ではない)を表すもので、636・638行目の「無し」がこれに当たります。第三は「不可能」の意(〜できない)を表すもので、56・61・73・90・117・224・263・

521・533・623・645・706行目の「無し」がこれに当たります。

本書には、もう一つ第四の意を表す「無し」が使われています。それは、話者の意志を示す用法で、「拒否」の意（〜しない）を表します。煩雑になりますが、これらの用例をすべて検討してみたいと思います。140行目の「島等は無くて」は、島などは造らないでの意です。192〜193行目の「石も無く植木も無くて」は、石も組まないで庭木も植えないでの意です。198行目の二つの「無し」はこれと同意です。207・309・385行目の「風流無く」は、意匠を凝らすことはしないでの意です。215行目の「石樹有りても無くても」は、石や樹を使っても使わなくてもの意です。432行目の「山も野筋も無くて」は、山も野筋も造らないでの意です。616行目の「立てる石の無き」は、立てる石を組まないの意です。639行目の「取り置く事は無き」は、取り置くことはしないの意です。

以上ですが、これらの用例はいずれも「〜しない」という拒否の意を表しています。よって、本項に使われている二つの「無し」（80行目）も、これと同じ意を表すものと思われます。それを確かめるため、他の文献からもう一つだけ例文を検討してみたいと思います。「院のさまわさと池遣水なけれとおほきなる木とも多くして木立をかしく気高く　なへてならぬさまをしたり」（三条院の様子はと言えば、池も遣水もわざと造らなかったのでありませんでしたが、その代わりに大きな木ばかりをたくさん植えて、またその木立になんとも言えぬ風情や気品があり、総じて、よそのお屋敷とは一風変わった様子をしていました。）　これは『栄華物語』からの引用ですが、この「なけれど」は、拙訳に照らすまでもなく造らないの意です。問題の二つの「無し」もこれと違うはずはありません。やはり、これらも造らないの意です。古文にはこういった舌足らずな表現がしばしば出てきますが、その意味をないがしろにすると論理を誤ります。

では、「池も遣水も造らない所」とはどこを指すのでしょうか。逆接的な言い方をすれば、池も遣水も造らない所とは、池や遣水を造る所のことです。つまり、本来ならそこは池や遣水を造るべき所なのに、そうはしないで、そこに全く別の様式で石を組むことができる。それを「枯山水」と呼んでいるのです。これが本庭への作庭を意味することは別の項の記述からも分かります。「池は無くて遣水許有らば」(430行目)「池無き所の遣水は」(433行目) この双方の遣水は、どちらも池を造るべき所にそれに代えて造られることは明白です。これで枯山水の意義は諒解されると思いますが、斯界で、これを「池や遣水に直接関係のない石組本位の庭」と曲解して、毛越寺の南西部池畔の石組などをその作例としているのは誤りです。如上の考察からも分かるように、池泉のある庭に枯山水の庭が同時に存在するはずがありません。

その枯山水の造り方に関しては、本文にたった二行の記述しかありませんので、つぶさに窺い知ることはできませんが、作例も少なく、決まった形式のようなものはなかったのではないかと思います。文献上でも、前に引用した三条院を除き、ほとんどその存在が知られていないようです。太田静六氏は『源氏物語』から六条院の冬の町に当たりを付けていますが、これは虚構の世界での話です。

83（それにつきて石をたつるなり）又ひとへに山里[1]
84 などのやうにおもしろくせんとおもはゝたかき
85 山を屋ちかくまうけてその山のいたゝきよ
86 りすそさまへ石をせう／＼たてくたして
87 このいゑをつくらむと山のかたそわ[2]をくつし

88 地をひきけるあひたおのつからほりあらは
89 されたりける石のそこふかきとこなめにて
90 ほりのくへくもなくてそのうゑもしは石の
91 かたかとなんとにつかはしらをもきりかけた[3]
92 るていにすへきなり

訳文　また、ひとえに山里などのように面白くしたいと思うのなら、高い山を家屋の近くに設け、その山の頂から裾へ石を少々組み下ろして、この家を造ろうと山の一部を崩し地ならしをしている最中に、たまたま掘りあらわされた石の根深いこと限りなく掘り除くこともできないので、その上に、またはその石の片隅などに、せめて束柱だけは切って掛けておいたという風にします。

注(1) 本来は山の中の人里を言うが、平安時代には、自然美の地であると同時に隠遁の地をも意味するようになり、当時、洛外の人里に山荘を持つことや、洛中の邸第を山家に擬えることが広く行われていたと言われる。「憂き世をのがれるべき場所としての山里への志向は早くからあったが、巷を離れた自然美の魅力に求道の方便が加わって、山里の閑居は平安末期に至って流行の風俗と化した。」（家永三郎）

(2) 一般に「片阻（そわ）」（断崖）と解されているようだが、普通、危険な崖を崩して家を造ったりはしないし、本文にも崖を造れとは書かれていない。高い山の裾の一部を切り崩して整地をするという意味だから、「かたそは」（片側（そば）の誤りだろう。

⑶係助詞で、「せめて～だけでも」の意。

解説　「常滑」は、辞書には「川床などに苔が付いて常に滑らかな所」とありますが、これは文意に合いません。和歌の世界では、「常滑に」「常滑の」などの形で永遠の意を表す「常」に掛けて用いられていたというので、その意を表すために和歌の語法を借用したのではないかと思います。但し、今話題にしているのは時間の概念ではなく空間の概念ですので、永遠の意を表すのではなく、座標軸を読み替えて「無限」の意を表すと考えます。掘りあらわされた石を取り除こうといくら掘っても根が見えず、どこまで深く埋まっているのか見当もつかないので掘り除きようがないという文意です。また、この常滑の石は、実は山の頂から裾様へ少々立て下した石と一続きのものであり、それが更に地中深くへ続いているという設定になっているようです。

なお、この山里の庭を、堀口捨己（すてみ）氏は寝殿造り庭とは趣を異にした別のものと考えられていますが、私も、これは、山里の閑居が急速に風俗化していった時代の要請に応じて、貴族たちの欲望を満足させるために用意された趣向であり、本項に述べられている枯山水の庭と直接関係があるものとは考えていません。また、本文に「偏に山里等の様に面白く為むと思はば」という但し書きが付けられていますように、これも、前出の名所写しと同様に、一部の数奇者を対象にした趣向と見るべきであり、法の如き一町規模の邸宅内に造られることはまずなかったのではないかと思います。

92（るていにすへきなり）又物ひとつにとりつき[1]
93 小山のさき[2]樹のもとつかはしらのほとりな
94 むとに石をたつることあるへし但庭のおも
95 には石をたてせんさい[3]をうへむこと階下[4]の
96 座なとしかむことよういあるへきとか

訳文　また、何かに寄り添えて、小山の崎・木の根元・束柱の付近などに石を組むこともできます。但し、南庭の地表には、石が組め草木が植えられるように、階段の下に畳などが敷けるようにしておかなければならないとかいうことです。

注(1)どこか一カ所にまとめて、集中的にの意。
(2)「小山の崎」　山の尾根の突き出た先端を指す。『山水抄』には「小山ノスヱ」（小山の頂上）と書かれているが、山頂に石をまとめて組むという手法はこの時代にはないだろう。
(3)庭に植え込む草木のこと。「石を立て前栽を植ゑむ事」は、前栽合（せんざいあわせ）などの行事の時に、貴族たちが山野から採取してきた草木や石を南庭の一隅に飾りつけることを言い、造園の対象には含まれない。
(4)儀式の際、上達部（かんだちめ）たちが中央階段の下に座を占める時に敷く畳や円座などのこと。

97 すへて石は立る事はすくなく臥ることはおほ
98 しゝかれとも石ふせとはいはさるか

訳文　総じて、庭石は立てることは少なく、臥せることの方が多いものです。なのになぜ石臥せとは言わないのだろうか。

二

99 石をたつるにはやう〳〵あるへし
100 大海のやう　大河のやう　山河のやう
101 沼池のやう　葦手のやう等なり

訳文　石を組むには様々なやり方があります。大海の形式・大河の形式・山河の形式・沼池の形式・葦手の形式などです。

102 一大海様は先あらいそのありさまをたつへき
103 なりそのあらいそはきしのほとりにはした[1]
104 なくさきいてたる石ともをたてゝみきはを
105 とこね[2]になしてたちいてたる石あまたおき
106 さまへたてわたしてはなれいてたる石も
107 せう〳〵あるへしこれはみな浪のきひしく
108 かくるところにてあらひいたせるすかたなるへし
109 さて所々に洲崎白はまみえわたりて松なと
110 あらしむへきなり

訳文　一、大海の形式は、まず荒磯の景色を造り出さなければなりません。その荒磯は、岸の付近にひどく先の出た石々を組んで水際を床根に成して、水の上に立ち出た石をたくさん沖の方へ組み渡して、遠く離れ出た石も少々あるようにします。これらの石は、皆波が激しく掛かる所にあるので、荒波に洗い出された姿を表現しているのでしょう。さて、そこからは所々に洲崎や白浜が遠く見渡せて、松などもあるようにします。

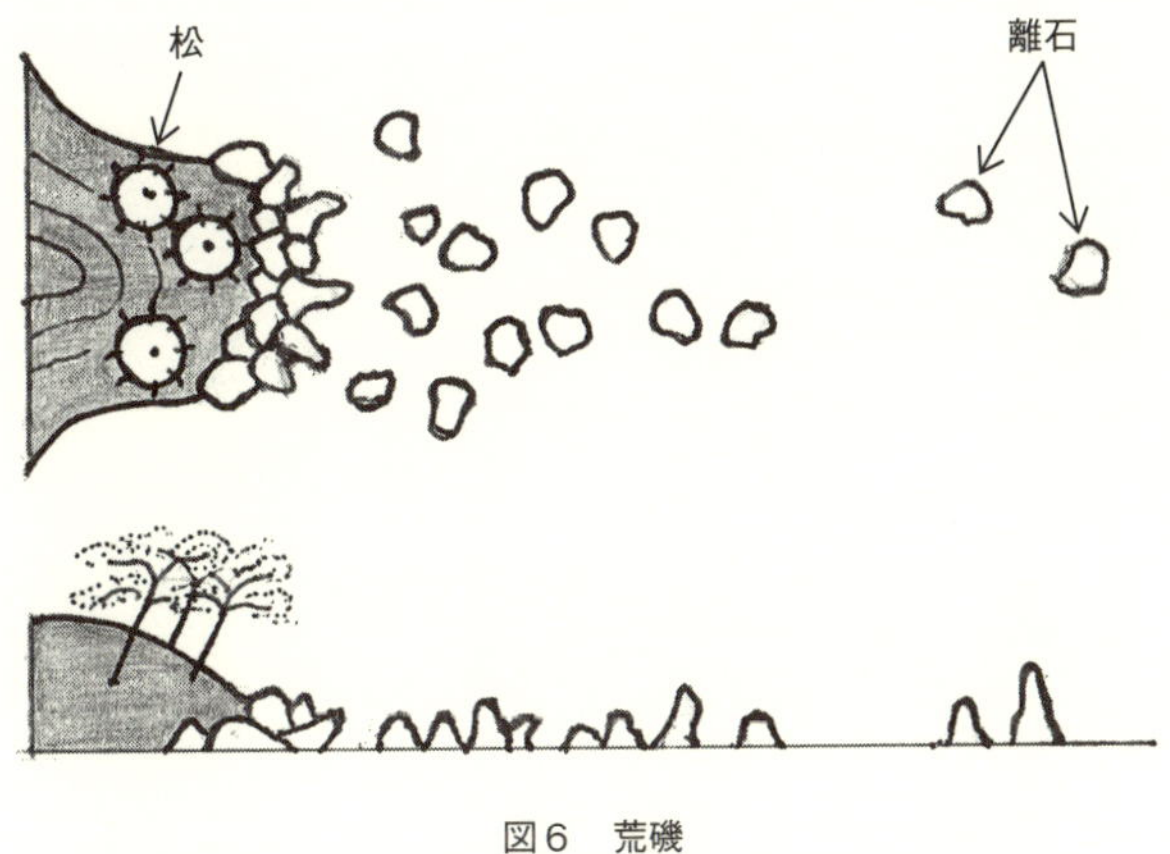

図6　荒磯

注⑴物事の程度のはなはだしいことを言う。同様の表現が44～45行目にもある。

⑵「床根」　岩石が一面に覆っている所。(『古語大辞典』角川書店)

解説　「立つ」は、今までそこになかったものが急に姿を現す意ですから、最初の文は、そこに荒磯の風景を造り出しなさいということになります。104行目の「先出でたる」は水平方向の造形を意味しますので、「端無く先出でたる石共を立てて」は、複数の石を海側へ極端に突きだして組むということになりますが、これが荒波に侵食された波打ち際の様子を表現したものであることは言うまでもありません。この波打の石の造形を、「磯島」の項(185～190行目)では「荒らかに立て渡して」と抽象的に表現しています。「汀を床根に成して」は、出島の先端の水際に多くの石を隙間なく組んで、荒波の打ち寄せる荒磯の岩場を形成することを言っているようです。105行目の「立ち出でたる」は垂直方向の造形を意味しますので、

「立ち出でたる石」は、池の底から水の上へ突き出た石のことで、こういう石をたくさん沖の方へ組み続けることになりますが、これは、荒磯の岸辺が浸食されて海岸線が後退した後に取り残された岩々を表現したものです。「離れ出でたる石」は、名称こそ違いますが、この立ち出でたる石となんら変わるものではありません。ただ組まれる場所が更に沖の方へ遠のいているだけの違いです。但し、この石は荒磯の風景を象徴する役石ですので、人目に付く大きな石を使用しなければなりません。

また、松などを植える場所については、洲崎・白浜の所と勘違いをされている方もいるようですが、これは、いわゆる荒磯松（ありそまつ）のことですから、当然荒磯の岸辺に植えなければなりません。後の「磯島」の項でもそのようになっているはずです。

111 一大河のやうはそのすかた竜蛇のゆけるみちの
112 ことくなるへし
113 先石をたつることはまつ水のまかれるところ
114 をはしめとしておも石[1]のかとあるを一たて、
115 その石のこはん[2]をかきりとすへし
116 その次々をたてくたすへき事水はむかう方
117 をつくす[3]ものなれは山も岸もたもつ事なし
118 その石にあたりぬる水はそのところよりおれ
119 もしはたわみてつよくいけはそのすゑを
120 おもはへて又石をたつへきなりそのすゑ〴〵
121 このこゝろをえて次第に風情をかへつゝたて
122 くたすへし石をたてん所々の遠近多少
123 ところのありさまにしたかひ当時の意[4]
124 楽によるへし水は左右つまりてほそくおち

125 くたるところははやけれはすこしきひろまをくへしいかにも中石あらはれぬれはその石の
126 りになりて水のゆきよはる所に白洲をはしもさまに洲をはおくなるへし
127 をくなり中石はしかのことなるところに

128

129

訳文　一、大河の形式は、川の姿が竜や蛇が通った道のようになっていなければなりません。まず石を組むことについては、水が最初に曲がる所から始めますが、そこに母石の趣のあるものを一つ組んで、その石の望むだけの数で組み終わらせなさい。その次々の石を組み続けてゆくことについては、水はどこまでも同じ方向に流れてゆこうとするので、そこ（遣水が曲がる所）に石を組まなければ山も岸も保つことはできません。その石に当たった水は、その所から折れ、またはたわんで勢いよく流れてゆくので、その水の行き着く先を予測してまた石を組みます。その先々も、このやり方を頭に入れて次第に趣向を変えながら組み続けてゆきなさい。石を組む所々の遠近・多寡は、その所の様子に従いその時の意楽によって決定すればよいでしょう。水は左右が詰まって細く落ち下る所は速いので、少し広まりになって水の勢いの弱まる所に白洲を設けます。中石はそのような所に設けなさい。どんなものであれ中石が現れたら、その川下には白洲を設けることになっているようです。

注⑴現在の「主石（しゅせき）」に当たる用語で、『山水抄』には「主」と傍注があるが、一連の石組の母胎となる石であり、また「乞はん」という擬人化された表現も使われているので、「母石」と漢字をあてることにする。
⑵異説もあるが、文意を摑む上では田村説で瑕疵はないだろう。「私は本書を通読して、それが後に出て来るた

だ一箇所漢字にあてられている「乞に従て」の乞はんであるとしたい。石を心あるものと見て、その石が要請するといった心持である。」（田村剛（つよし）『作庭記』相模書房）

(3) 極める、即ち極限まで至らせるの意。たとえば「雨が日を尽くして降る」（『御堂関白記』）と言えば、雨が一日中ずっと降っていたということになる。「向かふ方」は水が流れていく方向のことだから、「向かふ方を尽くす」は、水は一度流れ出したらどこまでもその方向に流れていこうとする性質があるという意味になる。

(4) 仏教語で、辞書には「何かしようと心に欲すること、念願、心がまえ」などとある。案ずるに、どうすべきかは、現場を見た時にその人がその場で感じたようになせばよいという意味で使われているようだ。

---

130 一山河様は石をしけくたてくたしてこゝかし
131 こにつたひ石あるへし又水の中に石をたて、[1]
132 左右へ水をわかちつれはその左右のみきはに
133 はほりしつめた[2]石をあらしむへし

134 已上両河のやうはやりみつにもちゐるへき
135 なりやりみつにもひとつを車一両につみ
136 わつらふほとなる石のよきなり

訳文　一、山河の形式は、川の両岸に石を絶え間なく組み続けて、あちらこちらに伝石がなければなりません。また、水の中に石を組んで左右へ水を分けるので、その左右の水際には根を深く入れた石を組みなさい。以上の二つの川の形式は遣水に使用します。遣水にも、車一台に積み切れないほどの大きな石を使っても構いません。

注(1)「伝石」のことにほかならない。
(2)「ほりしつめたる」と連体形にすべきだろう。

解説 「伝石」は一般に飛石のようなものと思われているようですが、これは誤りです。人跡の稀な山奥の川のあちこちにそんな物があるはずがありません。「伝う」とは、ある物が何かに沿って移動することを言います。「沿って」というのはくっついてという意味です。たとえば、水が石の表面をくっついたまま流れ下れば伝落の滝が完成します。同様に、本項の伝石は、上流から川床に沿って移動してきた石と解すことができます。山地を構成する岩石は、長い年月の間に風化して岩屑（がんせつ）となり、重力によって谷底へ落とされ、流れに洗掘されて下流へと運ばれます。この山河の様は、上流から運ばれてきたたくさんの岩屑が川のあちこちにごろごろしているという、山間を流れる川特有の風景を造形化したもので、『作庭記』の著者はこの岩屑のことを伝石と呼んでいるのです。

　この伝石の古い作例はまだ発見されていないようですが、近代以降のものでは植治（うえじ）の庭にその類例を見ることができます。但し、ここに使われている石は左右の汀に掘り沈めたる石を必要としないほどに小さいため、これを伝石と呼ぶことはできません。なお、この岩屑が更に下流へと運ばれて丸くなったものが「転石」と呼ばれる河原の石ころであることはご承知の通りです。

137 一沼様は石をたつることはまれにしてこゝかし

138 このいり江にあしかつみ[1]あやめ[2]かきつはた

139 やうの水草をあらしめてとりたてたる島な
140 とはなくて水のおもてを眇々[3]とみすへきなり
141 ［ ］といふは溝の水の入集れるたまり水也
142 しかれは水の出入の所あるへからす水をはおもひ
143 かけぬところよりかくしいるへきなり又水の
144 おもてをたかくみすへし[4]

訳文　一、沼池の形式は、石を組むことはめったにせず、あちらこちらの入江に葦・かつみ・菖蒲・燕子花のような水草を茂らせて、島と言えるようなものなども造らず、水面を果てしなく見せるようにします。一般に、沼や池というのは溝の水が集まってできた水溜まりのことです。だから、水の出入りする所があってはいけません。水は予期しない所から隠し入れるようにします。また、水面を高く見せなさい。

注(1) 歌学書では陸奥における真菰の異称としているが、芦の花・あやめ・花しょうぶ等の異説もあり、その実体はよく分かっていない。花かつみは、「かつみる」という言葉を引き出すための序詞であって、実在する植物ではないという説もある。なお、芭蕉の訪ね歩いた安積沼の所在する郡山市では、これを「ヒメシャガ」と推断して市花に定めている。

(2) サトイモ科の多年草「ショウブ」の古名。古くは「あやめ」と呼ばれ、それに「菖蒲」の字をあてたことから後にショウブと呼ばれるようになったという。

(3) 「眇々」（かすかで小さい様）は、音が通じることから「渺々」（広く果てしのない様）の意にも用いられる。水草が対岸を隠すこと、島のようなものを造らないこと、水面を高く見せることから渺々の意と取ってよいだろう。類書の『童子口伝書』には「水ノ面ヲハル〳〵ト見セヨ」と書かれている。

(4) 鈴木信宏氏によれば、池の水面を高くして対岸の水際線に対する俯角をできるだけ小さくすれば池に広がり感が出るそうだ。(『水空間の演出』鹿島出版会)

解説

141行目のおよそ三字分の虫損は、「池やう」「～様」または「沼やう」と補う説がありますが、「～様」(～形式)と補うのは、主語と補語の意味するものが一致せず、整合性を欠くようです。101行目の見出しに「沼池の様」とあるのは、沼あるいは池の形式といった意味であり、両者の間には、それぞれの形式を確立できるほどの大きな相違は存在しません。『山水抄』には「沼池ト云ハ」と書かれていますので、「凡沼池」と補うのが適当ではないでしょうか。「およそ」という語は本書ではほかに二回使われていますが、共に漢字一字で表記されています(531・675行目)。また如上の理由から、137行目の「沼様は」も、『山水抄』と同様

葦手様(遠山記念館蔵「秋野蒔絵手箱」蓋部分)

に「沼池様は」と訂正すべきと思います。

ちなみに、池と沼の相違は、漢和辞典によれば、丸いものを池といい、曲がっているものを沼というそうです。つまり、人が水を溜めたものが池で、自然に水が溜まったものが沼ということになります。

145 一葦手様[1]は山なとたかゝらすして野筋の
146 すゑ池のみきはなとに石所々たてゝそのわ
147 きわきにこさゝやますけ[2]やうの草うゑて
148 樹には梅柳等のたをやかなる木をこのみうふ
149 へしすへてこのやうはひらゝかなる石を品[3]
150 文字等にたてわたしてそれにとりつき〳〵いと
151 たかゝらすしけからぬせんさいともをうふへ
152 きとか

訳文　一、葦手の形式は、山などは高くせず、野筋の末・池の水際などに石を所々組んで、その脇々に小笹や山菅のような草を植えて、庭木としては、梅や柳などのしなやかな木を選んで植えなさい。総じて、この形式では平べったい石を品文字の形などに組み渡して、それに寄り添え寄り添え、あまり高くもなく茂くもない草々を植えろということです。（関連写真97ページ）

注(1)平安時代に行われた文字の遊び書きで、葦の生える水辺に字隠しをするように文字化された岩や草木などを配して歌を書いたもの。
(2)野生の菅の類。ユリ科の多年草「ヤブラン」のことも古くは山菅と言ったが、根出葉で葉に乱れのないヤブランは、隠し文字を連想させるこの形式には不向きだろう。

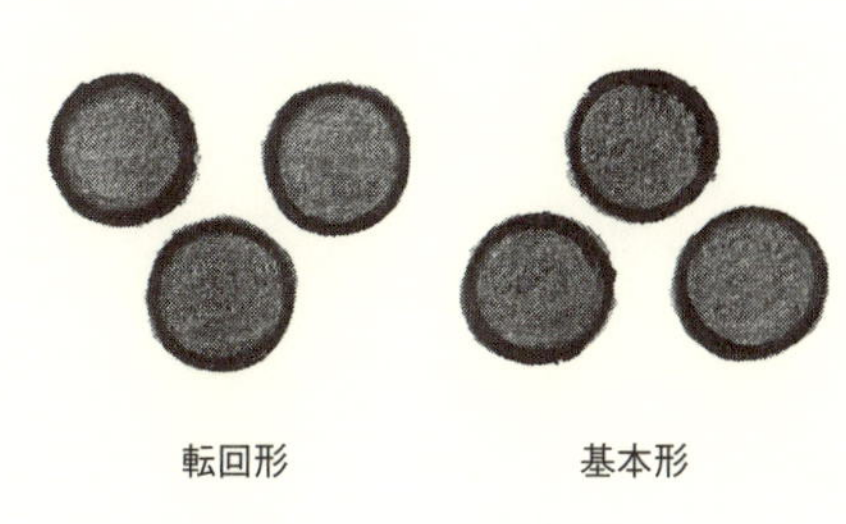

図７ｂ 転回形　　図７ａ 基本形

(3)「シナモジ」では、密教と関係の深い人々の間に相伝された権威ある秘伝書の用語としてはありがたみがない。「ホンモンジ」と呉音で読むべきだろう。『無動寺甲本』にも「ホン」の傍訓がある。

解説　「野筋の末」（145～146行目）は、野筋の実体が不明なので、どこを指すのか特定できません。149行目の「平らかなる石を」の後は、『山水抄』には「品文字ニヒキカヘヒキカヘ、立ワタシテ」と書かれています。「ヒキカフ」（引き替ふ）は、この場合は逆にする意と考えられますので、品文字の形（図７ａ）を基本形として、それとその転回形（図７ｂ）を交替交替に組むということになります。この二つの鏡像形のことを、『谷村家本』では「品文字等に」と簡略に表現しているようです。

153 石のやう〳〵をはひとすちにもちゐたてよ
154 とにはあらす池のすかた地のありさまに
155 したかひてひとついけにかれこれやうをひき
156 あはせてもちゐることもあるへし池のひろき
157 ところしまのほとりなとには海のやうをまね[1]
158 ひ野筋のうへにはあしてのやうをまなひ[1]
159 なんとしてたゝよりくるにしたかふなり[2]
160 よくもしらぬ人のいつれのやうそなと、
161 ふはいとおかし

訳文　石を組む諸形式のどれか一つをひたすら使い通せというのではありません。池の姿や地面の形状に従って、同じ池にあれこれの形式を取り混ぜて使うこともできるのです。池の広い所や島の付近などには海の形式を模倣し、野筋の上には葦手の形式を模倣するなどのようにして、ただ思い浮かぶままになせばよいのです。そういうことをよく知らない人が、このお庭は一体どの形式でできているのですかなどと尋ねたりするのは可笑しくてたまりません。

註
(1)「学び（まね）」と「学び（まな）」に意味上の相違はない。前者は主に和文系の文に、後者は漢文訓読系の文に用いられるという。前出の面・行くや後出の塞ぐなどと同様に、これらも語調によって読み分けられているようだ。また、『作庭記』には、主格を示す「は」及び目的格を示す「を」の省略もしばしば見受けられるが、こうした措置は音読されることを念頭に置いてなされたもので、その意図は、条文を暗記しやすくするためと思われる。
(2)「従ふ也」では語尾が少し強過ぎる。推量の助動詞の「べき」が脱落しているようだ。

解説　本文の160～161行目は、『山水抄』には「何ノヤウナド云ハ」と、『無動寺甲本』には「イツレノ様ナト云事ハ」と書かれていることから、「などと言ふは」と補う人もいるようですが、副助詞「など」に格助詞「と」の付いた「などと」という語形は鎌倉時代後期以後のものとされ、また、「など」の前には強い疑問を表す格助詞の「ぞ」が付いていますので、『谷村家本』の章句「等問ふは」に文法上の不備を認めることはできません。

162 一池河のみきはの様々をいふ事
163 鋤鋒[1] 鍬形[2] 池ならひに河のみきはの白浜は
164 すきさきのことくとかりくわかたのことくゑり
165 いるへきなりこのすかたをなすときは石
166 をはうちあかりてたつへし[3]

訳文 一、池や川の水際の諸形式について

鋤先・鍬形

池ならびに川の水際の白浜は、鋤先のように尖り、鍬形のように彫り入るようにします。白浜をこの姿にする時は、石は浜へ打ち上げられたように組みなさい。

注(1)「鋒」は「ほこさき」のことだが、次の行に「すきさきの如く」と書かれているので、「鋤鋒」で「すきさき」と読ませているようだ。『山水抄』にも同じ傍訓が付けられている。古代の鋤は、木製の刃床の先にU字形の袋部を持つ鉄製の刃先をはめた構造をしたもので、農業用のほかに造園などの土木用にも用いられた。

(2)兜の前立物の一種で、眉庇（まびさし）の上に付けた二本の角の形をした金属板のこと。その形が古代の鍬の刃に似ていることからの命名とも言われる。この古代の鍬の刃先も、鋤先と同様にU字形をしてい

波返の石（イメージ）（中村庸夫撮影「三宅島」
写真提供：ボルボックス）

たようだ。

(3) 水中にあったものを波が陸上へ押し上げる意だから、石（大きなものではない）は、白浜の水際を避けて、浜の上に取り残されたように組むことになる。

167 池のいしは海をまなふ事なれはかならすい
168 はねなみかへしのいしをたつへし

訳文 **池の石は海を模倣して組むことになるので、必ず大地に根を下ろしたような大きな波返の石を組まなければなりません。**（関連写真101ページ）

解説 本書によると、池を海に擬える最善の方法は、荒波の打ち寄せる海岸の風景を造り出すことのようで、この波返の石も、前出の荒磯の石（102〜110行目）と同様、水際に組まれることになります。しかし、両者の間には、波と岩との力関係から外見上に大きな相違が生じます。つまり、波が強くて岩を砕けば荒磯の石になり、岩が強くて波を砕けば波返の石になります。この相違はその造形に反映されなければなりません。

三

169 島姿の様々をいふ事
170 山島野島杜島磯島雲形霞形洲浜形片

171 流干潟松皮等也

訳文　島の姿の諸形式について

山島・野島・杜島・磯島・雲形・霞形・洲浜形・片流・干潟・松皮などです。

172 一山しまは池のなかに山をつきていれちかへ〳〵[1]

173 高下をあらしめてときは木をしけくう

174 ふへし前[2]にはしらはまをあらせて山きは[3]

175 ならひにみきはに石をたつへし

訳文　一、山島は、池の中に山を築き、代わる代わるに高低差をつけて常緑樹を密に植えなさい。島の前方部は白浜にして、山際ならびに水際に石を組みなさい。

注(1) 交互にする意。木の高さが揃うと自然らしく見えないので、その高さに変化をつける。

(2) 島の前方部、即ち寝殿側を指す。

(3) 山が尽きて白浜へと続く境目と考えられる。

176 一野島はひきちかへ〳〵野筋をやりて所々に

177 おせ[1]はかりさしいてたる石をたてゝそれをた

178 よりとして秋の草[2]なとをうゑてひま〳〵には

179 こけなとをふすへきなりこれもまへには

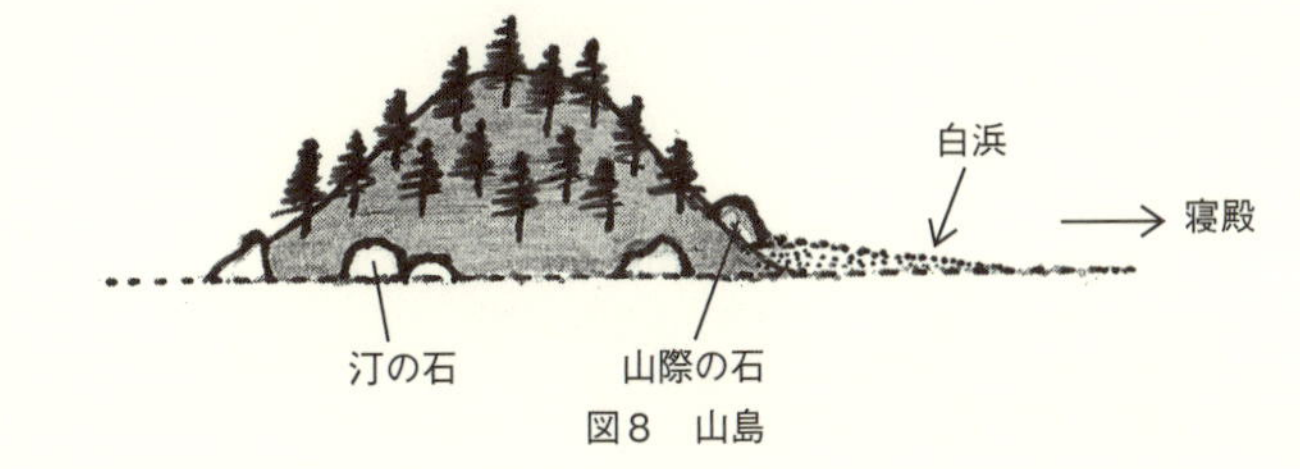

図８　山島

180 しらはまをあらしむへし

訳文　一、野島は、引き違い引き違いに野筋を伸ばし、所々に背中だけあらわにした石を組み、それを拠り所として秋の草などを植えて、その隙間隙間には苔などを付けるようにします。この島も前方部は白浜にしなさい。

注(1)『山水抄』には「ヲ背」と、本書の244行目にも「をせ」と書かれているので、「小背」のことだろう。「小(を)」は接頭語で特に意味はない。

(2)当時秋の草と言えば、萩・女郎花・薄(すすき)・藤袴・荻・槿(むくげ)・菊などが一般的だった。

解説　「野筋を遣りて」(176行目)の「遣る」は、「行かせる、進ませる」の意で、何か方向性のようなものが感じられますが、野筋の実体が不明なので具体的な造形がつかめません。

181 一杜しまはたゝ平地に樹をまはらにうゑみてゝ
182 こしけき[1]にしたをすかして木のねにとり
183 つき〳〵めにたゝぬほとの石を少々たてゝし
184 はをもふせすなこをもちらすへきなり

訳文　一、杜島は、ただ平坦な島全体に木をまばらに植えて、枝葉が多ければ下枝を透かし、木の根元に寄り添え寄り添え目に立たないほどの石を少々組んで、その隙間隙間には芝も張り、島の前方部には砂も撒くようにします。

注(1)「に」は接続助詞で、下に述べる事柄を行う原因・理由を表す。よって、「枝葉が多いので」という意味になるが、枝葉が多いか少ないかが、その木を植えた当人でない著者に分かるはずがない。「木繁(クハ)」(枝葉が多ければ)の誤読だろう。

解説 「砂子」は、いわゆる「砂」のことで、造園界では砂利や小石のことを言いますが、これをどこに撒くのかは明示されていません。しかし、山島以下の三つの形式の島は、いずれも山野の風景を取り入れた植栽を主体とする同系統の島と見なすことができます。したがって、「砂子をも散らす可き」は、「前には白浜を有らせて」(174行目)を暗示的に言い替えたものと推考できます。「芝をも伏せ」は、前項の「苔等を伏す」と同様にグラウンドカバーを意味しますので、その伏す場所は自ずと判明します。

185 一磯しまはたちあかりたる石[1]をところ〳〵に
186 たて、その石のこはんにしたかひて浪うち
187 の石をあらゝかにたてわたしてその高石の
188 ひま〳〵にいとたかゝらぬ松のおひてすくり[2]
189 たるすかたなるかみとりふかきをところ〳〵う
190 ふへきなり

訳文 一、磯島は、背の高い石を所々に組み、その石の望むように波打の石を荒々しく組み渡して、その高い石の隙間隙間には、あまり高くはない松の老いて優れた姿はしていても緑の濃いものを所々植えるようにします。

注(1)仏像からの発想だろう。一般に、立像は座像の二倍の大きさとされるので、背の高い人目に付く石ということ

になる。

(2)文意から推して、「選りたる」(選ばれた)ではなく、「優れたる」(他に勝った)の誤りだろう。

解説　本文には、波打の石は立ち上がりたる石の乞はんに従って組めと書かれています。ということは、立ち上がりたる石が母石で、波打の石がその添石という関係になります。だとすれば、母石に当たる立ち上がりたる石は、島の陸上にではなく、水際に組まれることになります。また、母石の乞はんに従って組まれる石の数には限度がありますので、波打の石は、立ち上がりたる石のある辺りにだけ組まれ、後世のように島の護岸全体を石で覆うようなことにはならないはずです。

191 一雲かたは雲の風にふきなひかされて[1]そひ[2]

192 けわたりたるすかたにして石もなくうゑ木[3]

193 もなくてひたしらすにてあるへし[4]

訳文　一、雲形は、雲が風に吹き流されてたなびき渡っているような姿の島を造り、石も組まず庭木も植えず、島全体を白洲にしなければなりません。

注(1)「靡く」は、物が水や風に押されてその場で横に倒れることを言うので、雲のように根を持たないものの表現としてはふさわしくない。『山水抄』の「吹ナガサレテ」の方が適切だろう。

(2)補助動詞「渡る」は連用形に接続するので、「聳き渡り」(自動詞)とすべきだろう。他動詞の「聳け」は異なる意味を表す。

(3) 枯木に対して山野に自生する木一般を指すが、今日の「植木」に近い用例もあるという。

(4) 島全体を白洲敷きにすること。

解説 この「雲形」以降「片流」までの四つの形式の島は、いずれも当時服飾や調度などに広く用いられていた文様を島の形態として借用したもので、中には、多分にデザイン的に片寄っていて、実際に造られていたとは思えないものもあります。また、山島以下のすべての形式の島は、ことごとく一島の造形であることも付け加えておきます。

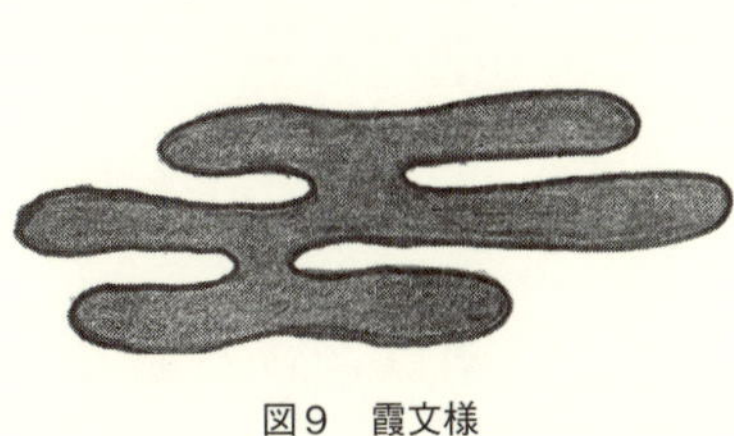

図9　霞文様

194 一霞形は池のおもてをみわたせはあさみとり[1]

195 のそらにかすみのたちわたれるかことくふた

196 かさねみかさねにもいれちかへてほそ〳〵と

197 こゝかしこたきれわたり[2]みゆへきなりこれ

198 もいしもなくうゑきもなき白洲なるへし

訳文 一、霞形は、池の水面を見渡せば空に霞が立ちこめたかのように、島の形を二重にも三重にも食い違わせて、細々とあちらこちらが深く切れ込んで見えるようにしなければなりません。この島も、石も組まず庭木も植えず白洲にするようです。

注(1)「空」に掛かる枕詞と考えられるので、訳す必要はないだろう。

(2)『山水抄』には「切渡リテ」と、『無動寺甲本』には「切レワタリテ」と書かれているので、「た」は語調を整える接頭語だろう。

解説 補助動詞「渡る」は、空間的に連続する意を表しますので、「手切れ渡る」は、細く深々と切れ込んだ所が二重にも三重にも食い違わせて島のあちこちに幾つもあるということになりますが、この造形は、当時一般的だった霞文様の形と一致します。

199 一洲浜かたはつねのことし但ことうるわしく
200 紺の文[1]なとのことくなるはわろしおなしす[2]
201 わまかたなれとも或はひきのへたるかことし
202 或はゆかめるかことし或せなかあはせにうち[3]
203 ちかへたるかことし或すはまのかたちかとみれ
204 ともさすかにあらぬさまにみゆへきなり[4]
205 これにすなこちらしたるうゑに小松なとの
206 少々あるへきなり

訳文 一、洲浜形は、通常の洲浜文様と同じ形をした島のことです。但し、紺の文などのように全く同じ形にしたのでは面白くありません。同じ洲浜の形ではあっても、あるいは引き伸ばしたように、あるいは歪めたように、あるいは背中合わせに行き違わせたように、あるいは洲浜の形のようには見えるがやはりどこか違って見えるという風にします。この島には、砂を撒いた上で小松なども少々あるようにします。

注(1)不明だが、ステレオタイプ（紋切り型）の意で用いられているようだ。『群書類従本』『無動寺乙本』には「紺

の紋」と書かれている。

(2)「すはまかた」(洲浜形)　ハ行転呼音は一一世紀初頭頃から急激に一般化したそうだ。

(3)前後が完了形になっているので、これも「歪めたる」と完了形で読み下すべきだろう。

(4)洲浜の形のようには見えるけれどもという意味だから、自動詞「見ゆ」の已然形「見ゆれども」とすべきだろう。

解説　202行目の「背中合はせに」は、人間の背中にたとえられているので、「軸を縦にして」の意と考えられます。また、同じ形状をした二つの物体を背中合わせに接合すると、できる像は中央で左右が反転します。したがって、本文の「背中合はせに打ち違へ」は、図10のように、洲浜文様を縦に二等分して、それぞれの部分を、横ずれ断層のように上下逆方向に移動させる意です。なお、この島は洲浜台を模したものですから、小松以外のしつらいは、造る側の意向によって適宜選択されるものと思われます。

207　一片流様はとかくの風流[1]なくほそなかに水の[2]
208　なかしをきたるすかたなるへし

訳文　一、片流の形式は、あれこれと意匠を凝らすことはせず、ただ細長く水を流しておいたような姿の島を言うようです。

注(1)意匠を凝らすこと。「平安時代では、風流の語は漢詩文の文雅や庭園の数奇、殿舎や服飾・調度の趣向に対して用いられており、そこにはほかと異

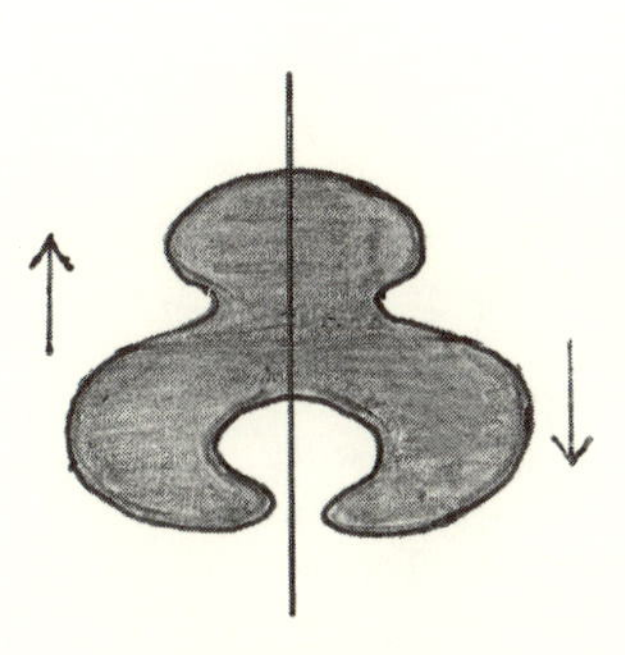

図10　洲浜文様

なる意匠、贅沢で華麗な飾、機知に富む趣向などによって、きわだつ洗練美への驚きの感情が込められている。」（佐野みどり『日本美術館』小学館）

⑵格助詞「の」には対象を示す用法はないので、別の格助詞「を」の誤りだろう。

解説　流水文は、弥生時代の銅鐸以来種々のものが考案されてきましたが、S字状に蛇行する線で表されるものがその代表的なもののようです。

209　一干潟様はしほのひあかりたるあとのことく
210　なかはゝあらはれなかはゝ水にひたるかことく
211　にしておのつから石少々みゆへきなり樹は
212　あるへからす

訳文　**一、干潟の形式は、潮がすっかり引いた跡のように、島を半ばは水の上に現れ半ばは水に浸かったようにして、知らぬ間に現れた石が少々見えるようにします。この島に木を植えてはいけません。**

解説　この「干潟の様」は、「島の姿」の項目中に組み込まれていることからも分かりますように、これは、あくまでも島の一形式であり、池畔などに意匠されるものではありません。また、その造形も実際の干潟とは異なります。211行目の「自ら石少々見ゆ可き」は、石の数ではなく、海中に沈んでいた岩が潮がすっかり引いたためにいつの間にか少し見えてきたという意味に解せますので、石は、島の陸上部にではなく、半水没部に組まれるものと思われます。本文の記述は断片的で具象性に欠けるため分かりにく

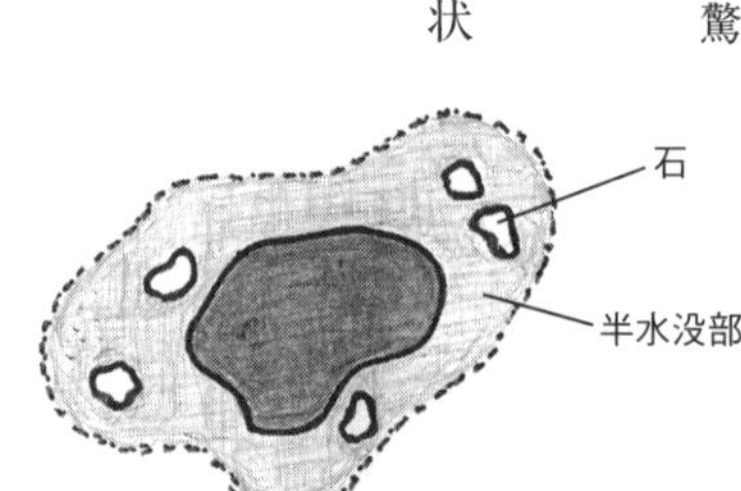

図11　干潟の様

いのですが、この干潟の形式は、実際の干潟の景を庭に写そうとしたものではなく、干潟のように、潮位の変化によって現れたり隠れたりする未見の島を平安貴族が想像して考案されたものと思われます。

213 一松皮様はまつかはすり[1]のことくとかくちかひ
214 たるやうにてたきれぬ[2]へきやうにみゆると
215 ころあるへきなりこれは石樹ありてもなく
216 ても人のこゝろにまかすへし

訳文 一、松皮の形式は、松皮摺文様のように島の形をあれこれと行き違ったようにして、どこか切り離れていそうに見える所があるようにします。この島に石や木を使うか否かは造る人が思うようになせばよいでしょう。

注(1)文様を彫った版木に墨や顔料を塗り、その上へ裂(きれ)を置いて文様を摺り付ける摺文(すりもん)の技法は、奈良時代にはすでにあったというが、詳らかではない。

(2)前項(211行目)と同様に「に為(し)て」と動詞を補って読み下すべきだろう。

四

217 一滝を立る次第
218 滝をたてんには先水をちのいしをえらふへ
219 きなりそのみつおちの石は作石[1]のことくに
220 して面[2]うるわしき[3]は興なし滝三四尺にも
221 なりぬれは山石[4]の水をちうるわしく[5]して

222 面くせはみたらむ[6]をもちゐるへきなり但水
223 をちよく面くせはみたりといふとも左右の
224 わき石よせたてむにおもひあふ事なくは
225 無益なり

訳文　一、滝を造る手順

滝を造るにはまず水を落とす石を選ばなければなりません。その水落石ですが、作石のように手を加えて石の表面が滑らかになったものでは面白みがありません。滝の高さは三、四尺（九〇～一二〇センチメートル）にもなるので、山石の水の落下が円滑で表面が粗削りな感じのものを使うようにします。但し、水の落下が良好で表面が粗削りな石と言っても、左右の脇石を寄せて組む時に角が馴染まなければ何の役にも立ちません。

注
(1) 人の手の加わった石。
(2) 顔の意で、「石の面」と言えば取りも直さず「見付（みつき）」を指す。
(3) 辞書には「きちんと整っていて欠点の無い様」とある。分かりやすく言えば「完全無欠なこと、完璧なこと」で、その時々の話題の中心が何かによって引き出される意味が違ってくる。ここでは、作石のように手を加えて表面が完璧に仕上げられた石の意だから、その表面に凹凸のない平滑な石ということになる。
(4) 219行目の「作石」（加工石）と対比されているので、「自然石」の意で用いられているようだ。
(5) 水を落とすことが完璧にできるという意味だから、「円滑な」ということになる。
(6) 面に欠点のありそうな石の意。面に欠点のない麗しき石（220行目）が表面に凹凸のない平滑な石だから、表面にやや凹凸のある粗削りな感じの石ということになる。『無動寺乙本』には「面てせはみたらむ」と書かれているが、誤写だろう。「せばむ」あるいは「てせばむ」などという言葉は古語にはない。

解説

「思ひ合ふ」(224行目)は、一般に「調和する、釣り合う」と解されているようですが、これは誤りです。水落石は滝を造る時まず最初に組まれる母石であり、左右の脇石はその石の乞はんに従って組まれるのが原則です。(186・247・453・467行目参照)脇石と調和が取れるかどうかは、水落石を組んだ後でその石の望むようにすればよいのであり、ここで議論すべき問題ではありません。今問われているのは、どれとも分からぬ石との相性ではなく、水落石の水落石としての資格です。前文の「面癖ばみたらむ」は図12の(1)の形状が問われました。「水落ち麗しく」は(1)と(2)の水を落とす部分の形状が問われました。「思ひ合ふ」は、双方の考えが一致する意で、今度は(3)と(4)の形状が問われているのです。たとえば、図に示したような水落石ですと、後でどんなに良い脇石が見つかったとしても、それを寄せて組むことはできません。「寄せ立てむ」というのは二つの石をくっつけて組むという意味で、「思ひ合ふ」とは、両方の石の合端(あいば)が馴染むことを言っているのです。これは一人水落石に限ったことではありません。母石となるすべての石に共通の要件であることは465〜468行目の記述からも読み取ることができます。また、459〜464行目に紹介されている石の組み方は特殊な部類には属しますが、ここには「角

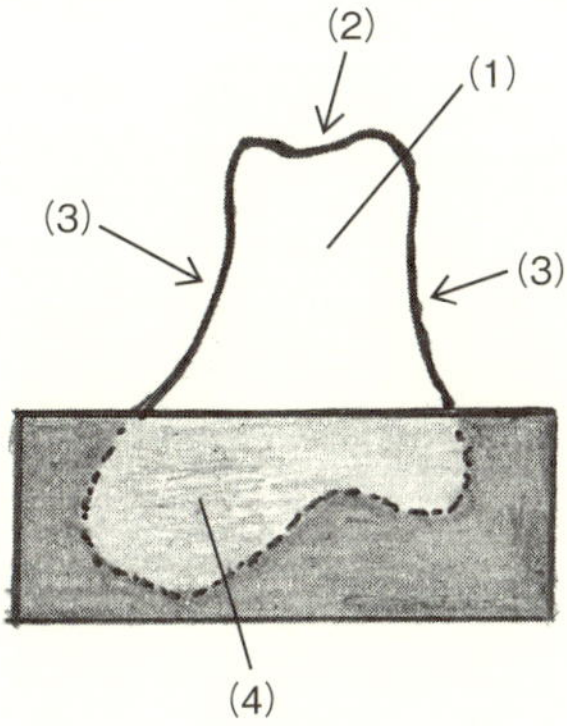

図12

思ひ合ひたらむ」と書かれていて、「思ひ合ふ」が合端の馴染を意味することを端的に示しています。

225（無益なり）水落面よくして左右のわきいし
226 おもひあひぬへからむ石をたておほせてちり
227 はかりもゆかめすねをかためてのち左右の
228 わき石をはよせたてしむへき也その左右の
229 わきいしと水落の石とのあひたはなん尺何
230 丈もあれ底よりいたゝきにいたるまではに[1]
231 つちをたわやかにうちなしてあつくぬりあけ
232 てのち石ませにたゝのつちをもいれてつき
233 かたむへきなり滝はまつこれをよく〳〵し[2]
234 たゝむへきなり

訳文　水の落下も表面の形状も良好で、左右の脇石とも角の馴染みそうな石を組み終わらせて、ほんの少しも動かさずに根を固めたら、その後で左右の脇石を寄せて組ませるようにします。その左右の脇石と水落石との間には、たとえそれが何尺何丈あったとしても、底部から最上部に至るまで粘土を柔軟に打ちなしたものを厚く塗り上げて、その後で脇石の真裏に普通の土をも入れて突き固めるようにします。滝の施工では、まずこの工程を入念にこなさなければなりません。

注⑴瓦や陶器などの材料に使われる赤黄色の細密な粘土。
⑵しっかりと手抜かりなく処理する意。

解説　229行目の「間」は、水落石と脇石とを寄せて組んだ時にできる接合部（図13ａの太線）のことで、ここに、埴土を下から上まで裏側から厚く塗り上げます。ここに漏水があると、土圧が掛かって石組が崩れる恐れがあるからです。

232行目の「石ませに」は、『群書類従本』『山水抄』に「石ませに」と書かれていることから、「石混ぜの只の土」と考える人もいるようですが、「石まぜの」と書かれた写本はなく、「石を混ぜた只の土」と言う表現も不自然であり、また「隙間にはたとえ小砂利であろうとも石の交った土を入れることは固結を望む上ではあり得ない」という上原敬二氏の指摘もあり、これは誤りです。「石ませに」の「に」は、格助詞でただの土を入れる場所を示し、また、このただの土が埋め戻しに使われることは自明ですので、この「石ませに」は、「石の真裏に」の意を表すことになります。したがって、これは「石真背に」と漢字をあてることができます。また「土をも」と書かれているのは、図13bに示しましたように、埴土とただの土とを入れる場所が同一の空間であることを示唆しています。即ち、図13bの丸印の所に埴土を入れ、斜線の所にただの土を入れることになりますが、『山水抄』『無動寺甲本』では、このただの土を「割リ入テ」と書かれています。割るは、「分割して」という意味ですから、土を何層にも分け入れて突き固めるということになり、これは版築（はんちく）の技法を思わせる表現となっています。いずれにしても、ただの土は底から少しずつ入れて入念に突き固めなければなりません。

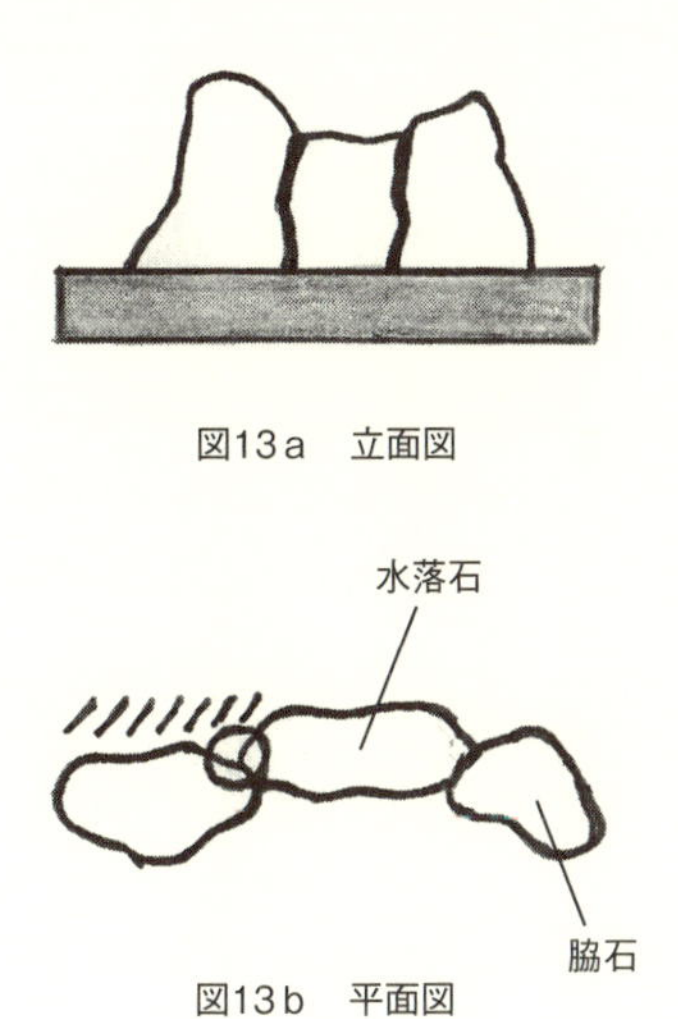

図13a　立面図

図13b　平面図

234 （た、むへきなり）そのつきに右方はれならは
235 左方のわきいしのかみに[1]そへて[2]よき石[3]のた
236 ちあかりたるをたて右のかたのわきいしのう[4]
237 ゑにすこしひきにて[5]左の石みゆるほとに[6][7]
238 たつへし左方はれならは右の次第をもちて
239 ちかへたつへし

訳文　その次に、滝の右の方向が晴の側とされる時には、左の脇石の後方に形の良い石で背の高いものをもう一本組みますが、その石が右の脇石の上方にそれよりも少し低く見える位の高さに組みなさい。左の方向が晴の側とされる時には、右記の手順を用い左右を逆にして組みなさい。

注⑴水平方向の概念を意味するので、良き石は左の脇石の後方に組まれることになる。

⑵もう一本追加しての意。

⑶庭石として良い石の意だから、「形の良い見栄えのする石」ということになる。

⑷垂直方向の概念を意味するので、良き石は右の脇石の上方に見えることになる。

⑸低くしての意。

⑹紛れもなく「良き石」を指す。これを「その石」と言い替えると分かりやすいだろう。

⑺立ち上がりたる石のおおよその高さを示す。

解説　「晴」は、前にも触れましたように、寝殿造り住宅の中で儀式を行う側を言いますので、「右の方晴れならば」は、滝が右の方向（西側）から見られる場合にはという意味になりますが、実は、この記述は299〜301行目に記載のある「稜落の滝」の造り方について述べたものです。『作庭記』の説く滝石組の基

本は、前文の「滝は先づ是を能く能く認む可き也」という文章で締められていることからも分かりますように、水落石と左右の脇石との三石によって完了しており、ここに述べる第四の石は、この稜落の滝にのみ適用される意匠であり、他の形式の滝にまで共有されるものではありません。

本文に「良き石」と書かれているこの第四の石（図14のD）は、左の脇石（C）の後方に組みますが、その際、この石が右の脇石（B）よりも少し低く見えるように、その高さを抑えて組むようにします。また、これは右の方を晴とする稜落の滝ですから、右の方向から見た時に、左に組まれたこの良き石（D）が右の脇石（B）の上方に見えるようにしなければなりません。そのためには、この石を左の脇石（C）にくっつけて組むのではなく、右の脇石（B）との位置関係から、適度に距離を取って組むようにします。こうすれば、「滝の面（おもて）を側（そば）向けて」右から見た時に、この良き石（D）は右の方へ大きく引き寄せられ、右の脇石（B）の上方にほどよく納まって稜落の滝が完成します。如上のように、この第四の石は特別な意図をもって組まれる石ですので、稜落以外の滝にまで流用すべき意匠ではありません。

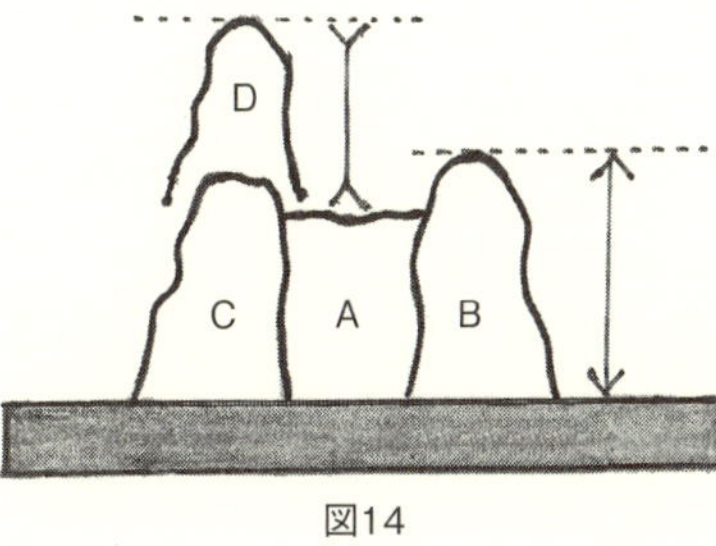

図14

なお、この部分は、『山水抄』には「右方晴ナラバ、左ノ方ノ脇石ノ立揚リタルヲ、右ノ方ノ脇石ヨリ少シ高クテ見エル様ニ立可シ」と書かれていますが、『山水抄』の編者は、ここでも、自分の理解の及ばない文章を不当に改ざんして事を済ませようとしています。

239 （ちかへたつへし）さてそのかみさまはひらなる
240 石をせう〳〵たてわたすへしそれもひとへに
241 水のみちの左右にやりみつなとのことくたて
242 たるはわろしたゝわすれさまに[1]うちゝら
243 しても水をそはへやるましきやうをおも[2]
244 はへてたつへきなり中石のをせさしいて
245 たるせう〳〵あるへし

訳文　さて、その石の上流部には平らな石を少々組み渡さなければなりません。ですが、ひとえに水路の左右に遣水などのように組むのは好ましくありません。ただ、さりげなく分散させても水を脇へ逃がさない方法を予測して組むようにします。中石の背中が水の上に出たものも少々組みなさい。

注⑴誰かがそこへ石を置き忘れたかのようにという意味だから、「さりげなく、無作為に」ということになる。
⑵予測するの意。水を流しながら石を組むことはできないので、どこに石を置けばどこへ水が流れていくのかを予測しながら石を組んでいく。

245 （たるせう〳〵あるへし）次[1]左右のわき石のまへ
246 によき石の半はかりひきをとりたる[2]をよ
247 せたてゝその次々はそのいしのこはんにし
248 たかひてたてくたすへし滝のまへはことのほか
249 にひろくて中石なとあまたありて水を左
250 右へわかちなかしたるかわりなき[3]なりその
251 次々は遣水の儀式[4]なるへし

訳文　次に、左右の脇石の前に、形の良い石でその半分位の大きさのものを寄せて組み、その次々の石はその石の望むように組み続けてゆきます。滝の前は、とりわけ広くなっていて、中石などがたくさんあって水を左右へ分け流してあるのが格別に優れた造形です。その次々の石は遣水と同じ方式で組めばよいようです。

注(1)本書には読み下されずに放置されたままの語句が数多くあるが、ここは「次に」と読み下すべきだろう。

(2)価値が半減する意だが、同行に「良き石の」と書かれているので、この場合の庭石の価値は、その形の良さではなく、その大きさと考えてよいだろう。「滝添石の天端（てんば）は護岸の石組の天端より高く組まれるので、護岸石組と直結させず、二三石を用いて滝添石から次第に天端の高さを減じながら護岸石組に自然になじませるようにする。」（浅野二郎『造園技術ハンドブック』誠文堂新光社）

(3)格別に優れている意。

(4)作法、やり方の意。

---

251 （次々は遣水の儀式なるへし）滝のおちやうは
252 様々あり人のこのみによるへしはなれをち
253 をこのまは面[1]によこかときひしき水落の
254 石をすこし前へかたふけて居へし
255 つたひおちをこのまはすこしみつおち
256 のおもてのかたたふれたる石[2]をちりはかりの
257 けはらせてたつへきなりつたひおちはうる
258 わしく[3]いとをくりかけたるやうにおとす事
259 もあり二三重[4]ひきさかりたる前石をよせ
260 たてゝ左右へとかくやりちかへておとす事も

261 あるへし

訳文　滝の落とし方には様々なものがありますが、どれにするかは造る人の好みで決めればよいでしょう。離落にしたいのなら、水平に横角の鋭く尖った水落石を少し前へ傾けて据えなさい。伝落にしたいのなら、水を落とす表面の角の少し欠けた石をほんの少々のけ反らして組むようにします。伝落では、鮮やかに糸を繰り掛けたように落とすこともでき、二重三重に後退させた前石を寄せて組み、水を左右へあれこれと交差させて落とすこともできます。

注(1)見付側に、即ち水平方向にの意。「頭に」と書かれていれば（306行目）、天端側に、即ち垂直方向にの意と考えられる。（図15ａ・ｂ参照）

(2)「倒る」は外部からの力に屈する意だから、「角の欠けた石」ということになる。

(3)熟練した職人が完璧に絹糸を繰り掛けたという意味だから、「見事に、鮮やかに」ということになる。

(4)67行目の注に示した理由により、「二重三重」とすべきだろう。

解説　253行目の「横角」は、水落石の有する横方向の角の意で、図15ｃの太線の所を指します。この角全体が水平方向に鋭く尖った水落石を少し前へ傾ければ離落の滝が完成します。この水平方向に鋭く尖った横角のことを、後の項（439～441行目）では「歯」と呼んでいますが、この歯が水を離れ落とすために必要なことは言うまでもありません。256行目の「面の角」は、実は離落で横角と書かれていた所と同一の角を指します。但し、離落ではこの角全体が対象となりましたが、今回は「水落ちの」と書かれていますので、水の流れ落ちる一部分だけが対象となります。この部分の角の少し欠けた水落石（図15ｄ）をわずかにのけ反らせれば、伝落の滝が完成します。

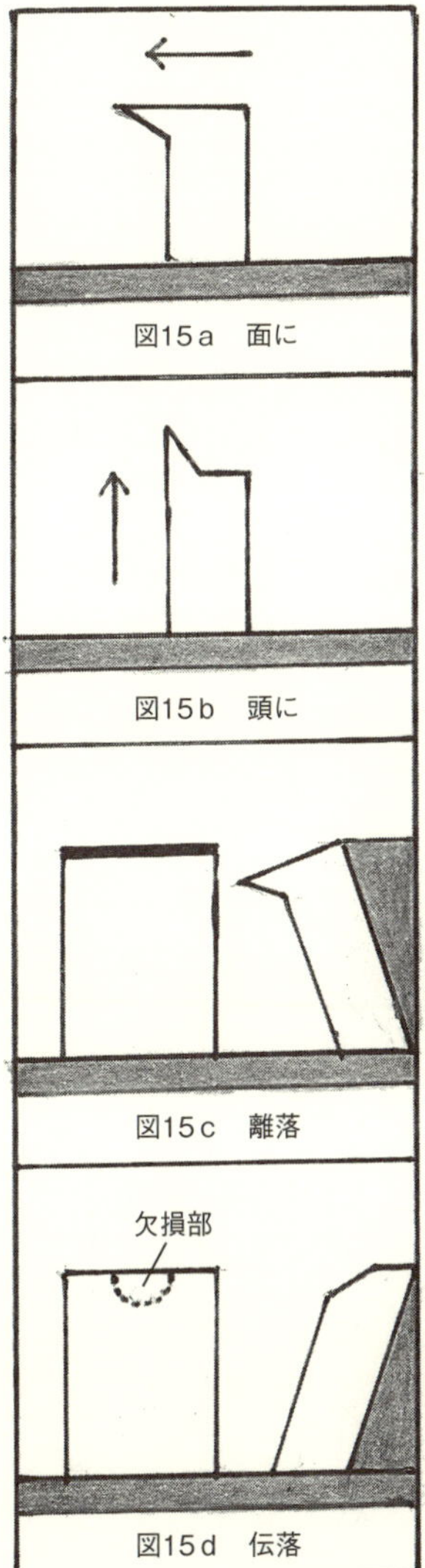

図15ａ　面に

図15ｂ　頭に

図15ｃ　離落

図15ｄ　伝落

262 滝を高くたてむ事京中にはありかたからむか
263 但内裏なんとならはなとかなからむ或人の申
264 侍しは一条のおほちと東寺の塔の空輪のた
265 かさはひとしきとかやしからはかみさまより
266 水路にすこしつゝ、左右のつゝみをつきくたし
267 て滝のうへにいたるまて用意をいたさは四尺
268 五尺にはなとかたてさらんそとおほえ侍る

訳文　高い滝を造ることは都の中では不可能なのだろうか。但し、内裏のような所ではどうしてできないことがありましょう。ある人が言われるには、一条の大路と東寺の塔の相輪の高さとは等しいのだとか。

だとすれば、上流の方から水路の左右に堤を少しずつ築き下しながら滝の上に至るまで用意をすれば、四尺五尺（一二〇・一五〇センチメートル）の滝がどうして造れないことがあろうかと思えるのです。

注(1)東寺は、延暦一五年（七九六）羅城門の東に左京・東国の鎮護を兼ねて造営された官寺で、この寺を賜わった空海は、天長二年（八二五）教王護国寺と称して真言密教による鎮護国家の道場とし、翌天長三年五重塔を造立した。その塔は以後四度焼失し、正保元年（一六四四）徳川家光によって再建されたものが現在の塔で、全高はおよそ五七メートル。（基壇を含む）

(2)五重塔の最上部にある九個の輪からなる部分を言うが、塔の天辺の意で用いられているので、相輪を指すと思われる。

解説　国土地理院発行の一万分の一の地形図によると、東寺の位置する九条大路の標高はおよそ二二メートルですので、平安時代の塔の高さが現在と同じとすれば、（ほぼ同規模とされる）一条大路の標高は八一メートルなければなりません。しかし、実際には五四メートルしかありませんので、ある人の言は虚偽ということになります。

それはさておき、大宮大路を軸とする両京極大路間の標高差三二メートルと、その間の距離五二四七メートルを基に、左京の一町邸内に生ずる南北の高低差の平均値を概算しますと、八四センチメートルという数字が得られます。（一町邸の数を三八とし、それらを画す大路小路の勾配を0とする）これはおよそ千分の七の勾配に相当しますので、邸内の北端から千分の三〜四の勾配で水を引いてきて、やっと南端に四〇～四五センチメートルの滝が造れるという計算になります。この計算が間違っていなければ、一町邸内に造れる庭滝の高さは一尺（三〇センチメートル）前後ということになります。平安貴族にとって、後に記載のある不動の滝（九〇センチメートル）を造ることは至難の業だったようです。

ちなみに、現代の京都には、東寺の塔の天辺と北大路通りとが同じ高さだという口碑があるそうです。

269 又滝の水落のはたはり[1]は高下にはよらさる
270 か生得の滝をみるに高き滝かならすしも
271 ひろからすひきなる滝かならすしもせはからす
272 たゝみつおちの石の寛狭によるへきなり
273 但三四尺のたきにいたりては二尺余にはすくへ
274 からすひきなる滝のひろきはかた〳〵のなん
275 あり一には滝のたけひきにみゆ一には井せ
276 きにまかふ一にはたきのゝ[2]とあらはにみえぬ
277 れはあさまに[3]みゆる事あり滝はおもひか
278 けぬいはのはさまなとよりおちたるやうに
279 みえぬれはこくらく[4]こゝろにくき[5]なりされは
280 水をまけかけてのとみゆるところにはよき石を
281 水落の石のうゑにあたるところにあてつれは
282 とをくてはいわのなかよりいつるやうにみゆ
283 るなり

訳文　また、滝の水を落とす幅の広狭は、滝の高低とは関係がないのだろうか。自然の滝を見ると、高い滝が必ずしも広いとは限らず、低い滝が必ずしも狭いとも限りません。だから、ただ選んだ水落石の広狭に応じて水を落とせばよいのです。但し、滝の高さが三、四尺（九〇～一二〇センチメートル）に達したなら二尺（六〇センチメートル）以上にしてはいけません。低い滝に落水の幅を広くすることにはあれこれの欠点があります。一つには滝の高さが低く見えます。一つには井堰と間違われます。一つには滝の喉があらわに見えるので造りが悪く見えることがあります。滝というものは、思いもよらない岩の狭間などから落ちているように見えると小暗く心引かれるものなのです。だから、水を曲げて通し、喉の見える所には形の良い石を水落石の上に当たる所に組めば、遠くからはあたかも岩の中から水が流れ出しているように見えます。

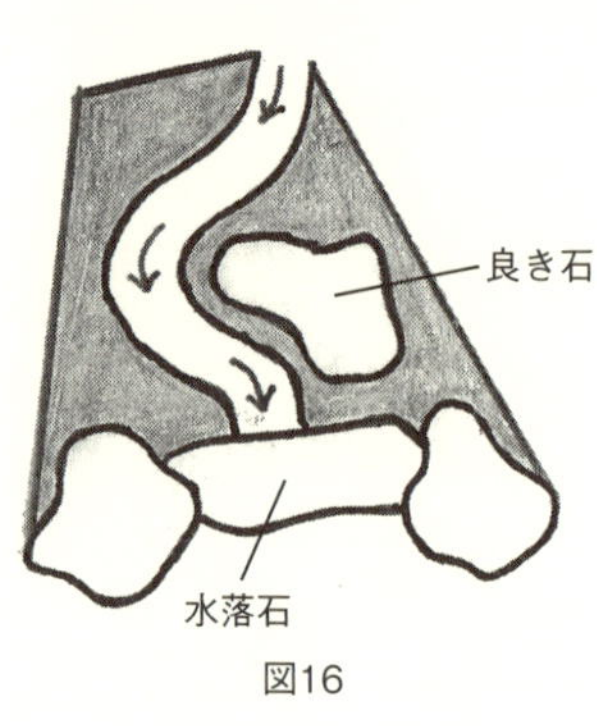

図16

注(1)「機張り」　一般に物の広さを言う。

(2)滝を竜に見立てて、水の落ちる所を口とすれば、その奥から水が流れてくる所が喉に当たる。石立ての鬼才・重森三玲（みれい）氏によれば、竜は喉元に宝玉を隠し持っているという伝説があり、その喉元を隠すことが作庭の秘術だという。

(3)お粗末なこと。品質が劣る意。

(4)「小暗く」　物がはっきり見えずよく分からない意。

(5)心引かれる。即ち、強い好奇心を抱かせる意。

解説　「水を曲げ掛けて」（280行目）の「掛ける」は二点間をつなげる意で、滝口に至る水路を真っ直ぐに通すのではなく、図16のように曲げて通して、その曲がった内側に良き石を組みます。こうすれば、滝の喉元が隠され、その水がどこから流れてくるのかがよく分からなくなって、低い滝でも見る人に興味を覚えさせることができる、というのが本文の趣旨です。これと同じ意図で組まれたと思われる良き石の作例が、時代は下りますが修学院に見られます。

284 一滝のおつる様々をいふ事
285 向落片落伝落離落稜落布落
286 糸落重落左右落横落

訳文　一、滝の水を落とす諸形式について
向落・片落・伝落・離落・稜落・布落・糸落・重落・左右落・横落

解説　『日本の滝』（講談社）によると、自然の滝の落ち方は次の六つに分類されています。(1)直瀑（例・華厳の滝）(2)分岐瀑（霧降の滝）(3)段瀑（袋田の滝）(4)渓流瀑（龍頭の滝）(5)潜流瀑（白糸の滝）(6)海岸滝（略す）『作庭記』の説く庭滝が、現代のこの分類法に適うはずはありませんが、総じて言えば、自然の滝に範を取ったというよりは、平安貴族が自由に風情をめぐらした産物と言えそうです。

287 むかひをちはむかひてうるわしくおなし

288 ほとにおつへきなり[1]

訳文　向落は、二つの滝を向かい合わせて、全く同じ大きさで水を落とすようにします。

注(1)この両者は共に自動詞が使われているが、滝の造り方を述べた文章なので、他動詞で読み下すべきだろう。
(2)同行の形容詞「同じ」に掛かる副詞と解した。

解説　「程」は、高さや広さなど不特定な物の大きさを言いますので、向落は、鏡に写したような瓜二つの滝を左右に一対向かい合わせて造るものと思われますが、それ以上の詳細は述べられていません。この滝は、あるいは図版のような古い文様からヒントを得たものかもしれません。

向鹿文様（部分）（『王朝文様事典』河出書房新社）

289 かたおちは左よりそへておとしつれは水をう
290 けたるかしらあるまへ石のたかさもひろさも
291 水落の石の半にあたるを左のかたによせたて、[1][2]
292 その石のかしらにあたりてよこさまにし
293 らみわたりて右よりおつるなり

訳文　片落は、水を受ける頭部のある前石の、高さも広さも水落石の半ばに当たるものを左の方へ寄せて組み、水を左から滑り落とせば、水はその石の頭部に当たり、横向きに白く濁って右から落ちます。

注(1)『富家語談』に「滝ハ本滝ハ放テ落タリ、又滝ハ副テ落也」と書かれた一節がある。これは、水の落とし方を二大別した言い方で、その形式名称が『作庭記』に言う「離落・伝落」ではないかと考え、この関係を明瞭にするため、「伝い落とす」ではなく、「滑り落とす」と訳すことにする。（「添へて」は「添（副）ひて」の他動詞）

(2)左の脇石にくっつけて組む意と考えられる。

解説　「片落の滝」を成功させる要件は二つあります。一つは水を滑り落とすこと、もう一つは適切な前石の選択です。その前石は、本文に「高さも広さも水落の石の半ばに当たる」と書かれていますので、水落石のおよそ四分の一の大きさの石ということになります。また「水を受けたる頭」と書かれていますので、その頭部で水を受け止めることができなければなりません。そのためには、たとえば図17bのような形状の石があればこの要求を満たすことができます。そして、その頭部の窪みに水を滑り込ませれば、水はその場で白み渡り左右へ逃れようとしますが、左側は脇石に阻まれて行き場を失い、水は大方右側から落ちるという筋書きになります。なお、本項の文章には明らかな錯簡が認められます。

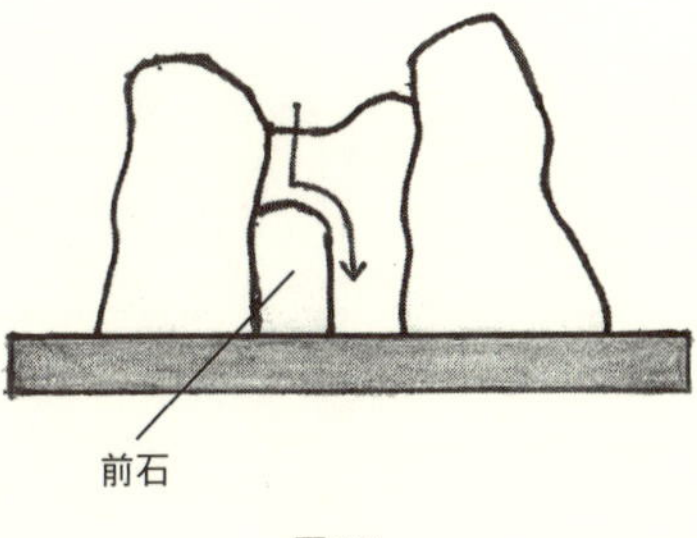

前石

図17a

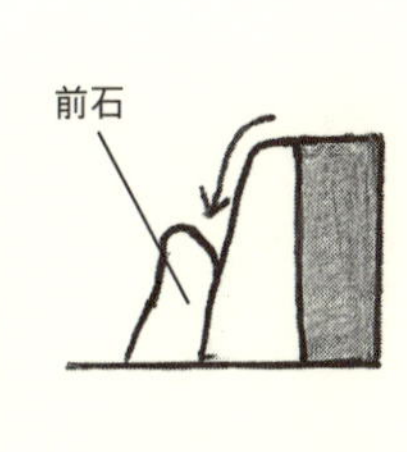

図17b

294 つたひおちは石のひたに[1]したかひてつたひ
295 おつるなり

訳文　伝落は、水を石の襞に従って伝い落とします。

注(1) 石の表面に刻まれた細い筋目。（写真の水落石は輝緑岩）

296 はなれおちは水落に一面にかと[1]ある石をたて、
297 上の水をよとめすしてはやくあてつれははな
298 れおつるなり

訳文　離落は、水を落とす所に全体に角のある石を組み、上流の水を淀めずに素早く通過させれば、水は離れて落ちます。

注(1) 253行目に書かれている「横角」を指す。

299 そはおちはたきのおもてをすこしそは[1]
300 むけてそは[2]をはれのかたよりみせしむる
301 なり

訳文　稜落は、滝の顔を少し脇へ向けて、横顔を晴の側から見せるようにします。

伝落の滝（観自在王院庭園）

稜

図18

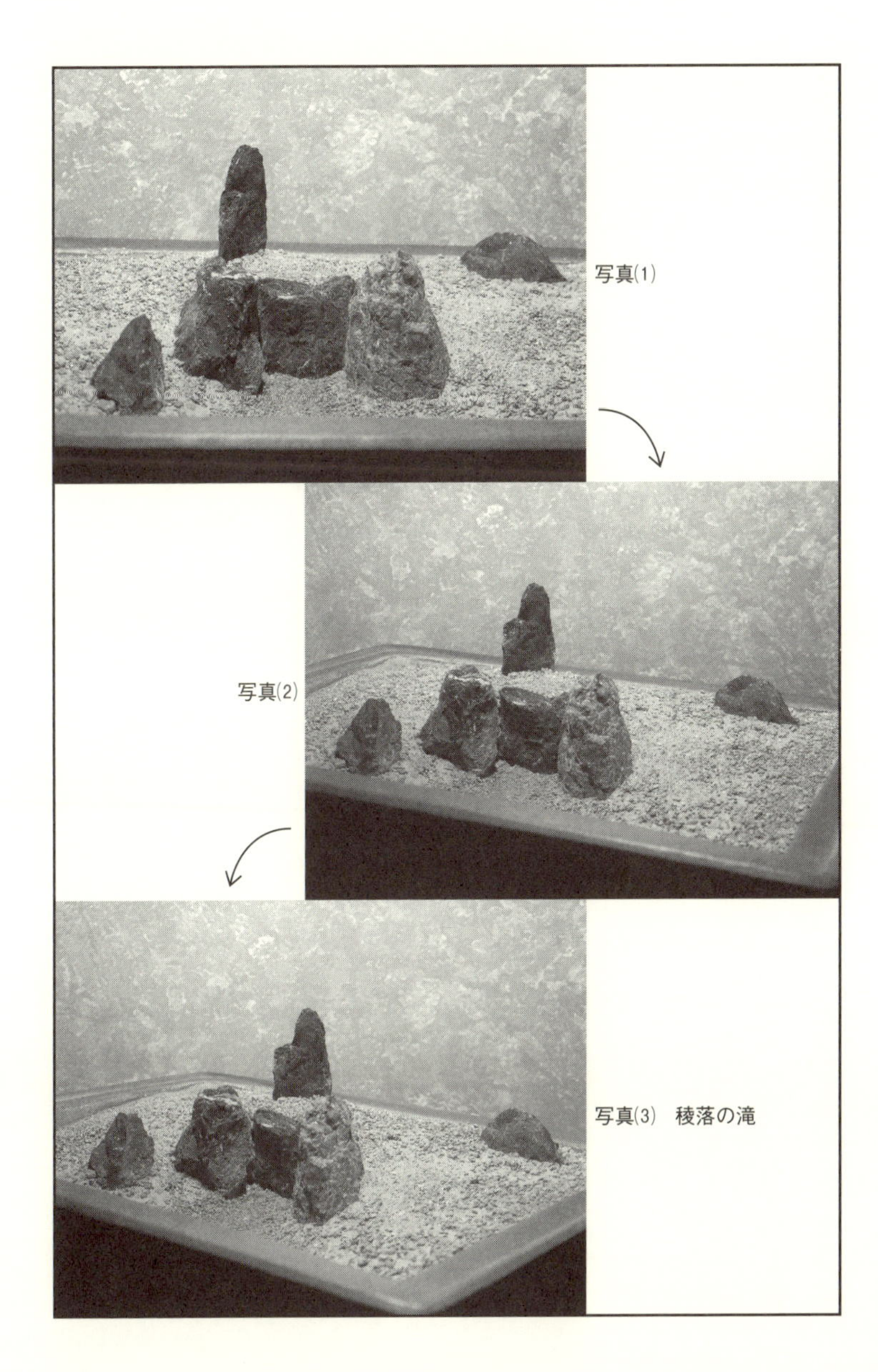

写真(1)

写真(2)

写真(3)　稜落の滝

注(1)横へ向かせる意。
(2)見出しの漢字「稜」(285行目)は、ある物の角の部分を言うが、本文に「側向けて」と書かれているので、「側面」の意で用いられているようだ。(図18参照)

解説　この滝の施工法は前に詳述した通りですが、ミニチュアの滝を使ってもう一度簡単に説明します。まず、前に「良き石の立ち上がりたる」と書かれていた第四の石を、写真(1)(129ページ)のように左の脇石の後方へ少し離して組みます。そして、写真(3)のように、滝の面(おもて)(本体)を少し側向けて晴の側から見た時に、この石が右の脇石の上方にそれよりも少し低く見えるようにします。これが『作庭記』の説く稜落の滝ですが、水の具体的な落とし方などについてはなんの言及もありませんので、造る人の好みに委ねられているものと思われます。
なお、写真の滝は、234〜238行目の記述に合わせて、右の方を晴として組みました。

302 布をちは水落におもてうるわしき石を[1]
303 たてゝ滝のかみをよとめてゆるくなかしかけ
304 つれは布をさらしかけたるやうにみえてお つ
305 るなり

訳文　布落は、水を落とす所に表面が滑らかな石を組み、上流の水を淀めてゆるやかに流れ下らせれば、布を晒しかけたように見えて落ちます。

注(1) 220行目の注参照。

306 糸おちは水落にかしらに[1]さしいてたるかと
307 あまたある石をたてつれはあまたにわかれて
308 いとをくりかけたるやうにて[2]おつるなり

訳文　糸落は、水を落とす所に垂直に突き出た角のたくさんある石を組めば、水は幾筋にも分かれて糸を繰りかけたように落ちます。

注(1) 253行目の注参照。
(2) この格助詞は意味上から誤りだろう。『群書類従本』には「様に」と、本書の258行目にも「やうに」と書かれている。

309 重おちは水落を二重に[1]たてゝ風流なく滝の
310 たけにしたかひて二重にも三重にも[2]おとす
311 なり

訳文　重落は、水を落とす所を重ねて造りますが、意匠を凝らすことはせず、ただ滝の高さに従って二重にも三重にもして水を落とします。

注⑴重ねて、重複しての意。

⑵この後に「為て」と動詞を補って読み下すべきだろう。

解説 いか様にも解釈できそうな滝ですが、「滝の丈に従ひて」は、その滝の可能な高さに従ってという意味に解せますので、これは、幾つかの滝を連続して造るのではなく、一つの滝の造形と思われます。また、「水落ちを二重に立て」は、水を落とす所を風流なく何重にも重ねるという意味ですから、この何重にも重ねるものは水落石しか考えられません。本書では、滝を造る場合これまでは水落石をすべて一石で組んできましたが、ここでは、それを二、三石で組むということを言っているようです。但し、その具体的な組み方については言及がありませんので何も分かりませんが、「風流無く」と書かれていますので、奇をてらうことはせず、節度を守った範囲内で面白く落とせばよいのではないかと思います。

312 或人云滝をはたよりをもとめても月にむかふ[1]

313 へきなりおつる水にかけをやとさしむへきゆ

314 へなり

訳文 ある人が言うには、滝はどんな手段を講じてでも月に向けるべきだということです。落ちる水に月の光を宿らせねばならないからです。

注⑴「向かふ可し」とは書かれていないので、ある人の言はここで終わり、以下はその理由を補足説明したものと考えられる。

解説　「影」は一語で対立する意味を有する古語の代表格で、光の当たる所と光の当たらない所の二通りの意味を持ちます。本文の影は前者の意で、「宿さしむ」は月の光を留まらせるという意味ですから、本項の趣旨を分かりやすく当世風に言えば、月の光で夜の滝をライトアップするということになります。

---

315 滝を立ることは口伝あるへしからの文にもみ
316 えたる事おほく侍るとか
317 不動明王[1]ちかひてのたまはく滝は三尺になれは[2]
318 皆我身也[3]いかにいはむや四尺五尺及至一丈二丈
319 をやこのゆへにかならす[4]三尊のすかたにあらは
320 左右の前石[5]は二童子[6]を表するか

訳文　滝を造る事には口伝があるようです。その口伝の中には漢籍にも載っていることが多くあるのだとか。不動明王が誓っておっしゃるには、滝は三尺の高さになれば皆私だ。まして四尺五尺ないし一丈二丈の滝がそうでないはずがないと。こういう訳で、三尺（九〇センチメートル）以上の滝が三尊の姿をしていれば、左右の前石は必ず二童子を表しているのです。

注(1)ヒンズー教のシヴァ神を仏教に取り入れたものと言われ、大日如来の教令輪身（きょうりょうりんじん）として教化しがたい衆生を済度するのがその役目。
(2)他の例に倣い「成りぬれば」と完了形で読み下すべきだろう。
(3)『作庭記』の説く滝石組は、原則として水落石と左右の脇石との三石によって構成されるので、この統一された個体を指すと思われる。

(4) 途中に副詞節が挿入されていて強調構文のようになっているが、文末の「表す」に掛かると考えられるので、適正な位置に戻すべきだろう。

(5) 注(3)に示した理由により、246行目に「良き石の半ば許引き劣りたる」と書かれている石を指すと思われる。

(6) 不動明王は、単尊で表される時には、ほとんどが脇侍（わきじ）として矜羯羅（こんがら）（向かって右側）と制吒迦（せいたか）（同左側）の二童子を従えている。

解説

319行目の「あらは」は、『群書類従本』『山水抄』『無動寺乙本』に「あらはる」と書かれていることから、一般には「現はる」と考えられているようです。しかし、ここで文が切れているとすれば、これは結論に当たりますので、文末は「現はる也」と断定の助動詞で終わらなければならず、また次の「左右の前石」へ続くのであれば、「現はるる」と連体形になっていなければなりませんので、文法上からこれを支持することはできません。『谷村家本』の文章に不備がないとすれば、その趣意は、三尺以上の滝が三尊の姿をしていれば、本尊に当たる滝の本体は不動を表すと不動自身が請け合っているので、脇侍に当たる左右の前石は必然的に二童子を表すことになるという意味で、つまり、三尺以上の滝を三尊の姿に組めば、それは、庭の中に不動三尊像を造ったのと同じことになると言っているのです。この不動三尊像がどこにつながるのかは間もなく分かります。

320行目の文末は「るか」と疑問形になっていますが、本文の前半には理由を述べた文があり、それを受けて、「此の故に」という接続語を介して結論を導く構文になっていますので、これが疑問文であるはずがありません。また、仮に、この「か」が疑問を表す係助詞であるとすれば、ここは、「表するか」ではなく、「表すか」または「表せるか」と書かれていなければなりません。「るか」と「なり」の崩し字は紛らわしく判読が難しいのですが、このように、文末で文脈から語尾が明瞭な場合は、崩しの度合いがひどくなる傾向があり、極端な場合には、そこに字があることを示すためにただ墨を置くだけという事例さえもありますので、衒学的にならず、素直に解釈をすればよいのではないかと思います。

321 不動儀軌云[1]
322 見我身者　発菩提心　聞我名者
323 断悪修善　故名不動云々
324 我身をみはとちかひたまふ事は必青[2]黒[3]童
325 子のすかたをみたてまつるへしとにはあらす
326 常滝をみるへしとなり不動種々の身をあ
327 らはしたまふなかに以滝本とするゆへなり

訳文　不動儀軌には、私の身体を見れば菩提心を起こすであろう、私の名を聞けば悪を止め善を行うであろう、故に不動と名付く（以下略）と書かれています。私の身体を見ればと不動が誓われることは、必ずしも不動明王と二童子の姿を拝見しなければならないということではありません。常日頃から滝を見ていなさいということなのです。不動明王は様々な姿に変現されますが、その中で滝を本来の姿とされるからです。

注

(1) この不動儀軌がどの経典を指すのかは分からないが、『仏説聖不動経』には次のように書かれている。「見我身者　発菩提心　聞我名者　断惑修善　聴我説者　得大智慧　知我心者　即身成仏」

(2) 九世紀末に天台宗の僧・安然が『不動明王立印儀軌修行次第』を著し、観想のために不動の特徴を取り上げた十九観を説いたが、その中に「調伏相を示す醜い青黒色」と不動の体色が示されている。

(3) 前出の二童子（320行目）を指す。

解説　前項の解説の帰結になりますが、324～325行目に書かれている「青黒童子」は、注に示しましたように不動明王と二童子の意で、「青黒童子の姿」とは、不動三尊像を指します。『作庭記』の著者がここで不動経を持ち出した趣旨は、遠くの寺までわざわざ行って不動の尊像を拝まなくても、近くにある滝を見ていればそれと同じ御利益が得られるので、京洛の邸内の庭にはなんとかして三尺以上の滝を造るようにしなさいということです。（追記）

青黒童子の姿（願成就院蔵「木造不動明王及二童子立像」
写真提供：文化庁）

しかしながら、この不動の滝への誘(いざな)いを実現できたのは、洛中では上京の小一条院だけだったようです。

五

328 遣水事
329 一先水のみなかみの方角をさたむへし経云東[1]
330 より南へむかへて西へなかすを順流とす西より東[2]
331 へなかすを逆流とすしかれは東より西へなかす
332 常事也又東方よりいたして舎屋のすたをと[3][4]
333 おして未申方へ出す最吉也青竜の水をもちて
334 もろ〳〵の悪気を白虎のみちへあらひいたすゆへ
335 なりその家のあるし疫気悪瘡のやまひなく
336 して身心安楽寿命長遠なるへしといへり

訳文　遣水について

一、まず遣水の給水口の方角を決めなければなりません。経書には、東から南へ向かわせて西へ流すのを順流とすると書かれています。西から東へ流すのを逆流とすると書かれています。だから、東から西へ流すのが通例となっています。また、東の方角から流し始め、家屋の下を通して未申の方角（南西）へ流し出すのが最も縁起の良い流し方です。青竜のつかさどる水であらゆる悪い気を白虎のつかさどる道へ洗い出すからです。その家の主人は伝染病や悪性の腫れ物といった病気にかかることもなく、身も心も安楽で寿命も長遠であろうと言われています。

注(1) 遣水が流れ始める所、即ち給水口の意で使われているようだ。（381～382・740～741行目参照）
(2) 経書(けいしょ)のこと。中国の聖人・賢人が永遠の真理を説いた書物のことで、普通は「易経(えききょう)・書経・詩経・礼記(らいき)・春秋」

の五経を指すが、これ以外にも夥しい数の経書が存在すると言われる。本文の経書を田村氏は「宅経」（黄帝撰の相宅の要諦を述べた二巻の書）としている。

(3)『栄華物語』『徒然草』『富家語談』などには「常の事」と表記されている。

(4)『群書類従本』『山水抄』『無動寺甲本』『同乙本』から「した」（下）の誤写と分かる。

337 四神相応[1]の地をえらふ時左[2]より水なかれたるを

338 青竜の地とすかるかゆへに遣水をも殿舎もしは

339 寝殿の東より出て[3]南へむかへて西へなかすへき也

340 北より出て[3]も東へまわして南西[4]へなかすへき也

訳文 四神相応の土地を選ぶ時、家屋の左（東）から水が流れているのを青竜の守る地と見なします。だから、遣水でも、殿舎または寝殿の東から流し始め、南へ向かわせて西へ流すようにします。北から流し始めたとしても、東へ迂回をさせて南西へ流すようにします。

注(1) 四神は、古代中国に発祥する四つの方位を守る想像上の神獣のことで、五行説では「東は青竜が、南は朱雀が、西は白虎が、北は玄武が守る」とされる。この四つの神獣がそれぞれの方位を守る地相は「四神相応の地」と言われて最も縁起が良いとされ、古くから都城や家宅などを選定する要件とされてきた。また、四神は、陰陽道では方位を正し吉凶禍福を支配する神と信じられていた。

(2) 中国古代に起因する君子南面の思想から東を指す。

(3) 同行の「向かへ」「流す」と同様に「出だして」と他動詞で読み下すべきだろう。

(4)『日本国語大辞典』（小学館）によると、「ナンセイ」または「ミナミニシ」という読みは江戸時代以降のもので、それ以前には確認されていないという。だとすれば、「ヒツジサル」と読むのだろう。

---

341 経云遣水のたわめる内を竜の腹とす居住を
342 そのはらにあつる吉也背にあつる凶也

訳文　経書には、遣水がたわんで流れる内側を竜の腹と見なす。住まいをその腹に当てると縁起が良く、背中に当てると縁起が悪いと書かれています。

---

342 （そのはらにあつる吉也背にあつる凶也）又北より
343 いたして南へむかふる説あり北方は水也南方は火也
344 これ陰をもちて陽にむかふる和合[1]の儀歟[2]かるか
345 ゆへに北より南へむかへてなかす説そのりなかる
346 へきにあらす

訳文　また、北から流し始めて南へ向かわせるという説もあります。北の方角は水で、南の方角は火です。これは、陰を陽に向かわせる陰陽和合の意を表しているのではないでしょうか。だから、北から南へ向けて流す説にもその道理がないという訳ではないのです。

注(1)「陰陽和合（おんようわごう）」　陰と陽は気の二側面を表し、それぞれに静と動・暗と明といった対立する属性を持つが、敵対す

るものではなく、太極または道と呼ばれるものによって統合され、互いに引き合い補い合う関係にあるとされる。
(2)推量の疑問を表すと考えられるので、「ならむか」と読み下すべきだろう。

347 水東へなかれたる事は天王寺[1]の亀井の水なり
348 太子伝[2]云青竜常にまもるれい水[3]東へなかるこの
349 説のことくならは逆流の水也といふとも東方に
350 あらは吉なるへし

訳文 **水が東へ流れている事例は四天王寺の亀井の水です。聖徳太子の伝記には、青竜が常に守る麗水は東へ流れていると書かれています。この説の通りなら、たとえそれが逆流の水であっても、その井戸（給水口）が東の方角にあれば縁起が良いことになるようです。**

注(1)「四天王寺」　日本で最初の官寺で、五八七年物部守屋(もののべのもりや)討伐の時、聖徳太子が四天王に戦勝を祈願して寺院の建立を発願(ほつがん)したと伝えられる。亀井はその境内に掘られた井戸のことで、閼伽水(あかみず)として使用された。
(2)聖徳太子の伝記は数多くあるが、特に平安時代中期以降広く用いられたのは『聖徳太子伝暦(でんりゃく)』で、その後の太子信仰はこの書を基に展開したとも言われるそうだ。
(3)『山水抄』には「冷水」と、『無動寺甲本』には「霊水」と書かれているが、前記の『聖徳太子伝暦』には「青龍恒寺獲麗水東流」と、また『四天王寺御手印縁起』（寺僧の偽作とされる）にも「当寺は昔釈迦説法の地で麗水が東流し」と書かれているというので、「麗水」の字をあてることにする。麗水は、完璧な水の意だから、不純物を含まない澄んだ清らかな水ということになる。

351 弘法大師高野山にいりて勝地[1]をもとめたまふ
352 時一人のおきな[2]あり[3]大師問てのたまはく此山
353 に別所[4]建立しつへきところありやおきなこたへ
354 ていはく我領のうちにこそ昼は紫雲たなひ
355 き夜は霊光をはなつ五葉の松ありて諸水
356 東へなかれたる地の殆国城[5]をたてつへき[6]は侍れ
357 といへり但諸水の東へなかれたる事は仏法東
358 漸[7]の相をあらはせるとかもしそのきならは
359 人の居所の吉例にはあたらさらむか

訳文　弘法大師が高野山に入り寺造りに適した土地を探している時、一人の老人に出会いました。大師は老人に尋ねておっしゃった、この山に別院を建立できそうな所はありますかと。老人は答えて言われた、私の領地の中には、昼は紫雲がたなびき夜は霊光を放つ五葉の松が生え、水が皆東へ流れる変わった土地がございますが、そこでしたら、別院はもちろんのこと、一国の城でさえも造ることが可能でございますと。但し、この水が皆東へ流れるということは仏法東漸の様相を表すのだとか。もし本当にそういう意味だとすれば、水が東へ流れることは一般人の住まいに関する吉例には当て嵌まらないのではないでしょうか。

注⑴寺院を造るのに適した土地。
⑵『谷村家本』その他に「丹生（にゅう）（大）明神」の朱書きがあり、一般にもそのように思われているようだが、丹生大

明神（丹生都比売命（にうつひめのみこと））は女神だからこれは間違いだ。大師に会われた翁（猟人）は、「吾が領する土地の中に、幽然たる平原あり。三面に山連て、山は巽に開けり。万水東に流れて、源一水に集れり。昼は常に怪しき雲そびえ、夜は又霊なる光かゞやきあり」と大師に教えて姿を消したと田村本（相模書房）に書かれているので、この翁は狩場明神（高野明神）のことだろう。

(3)「一人の翁在り」では不自然だ。『群書類従本』『山水抄』『無動寺甲本』『同乙本』には、いずれも「あへり」（逢へ（え）り）と書かれている。

(4)修行者が町中の大寺院などを離れた一定の区画に集まって宗教活動を営むための施設。

(5)この格助詞は、後に含みを残して文を続ける時に使われる用法。

(6)下接する「は」は強調を示す係助詞と考えられるので、「べく」と連用形にすべきだろう。

(7)古代インドに興った仏教が、西へは伝わらず、中国・朝鮮・日本へと次第に東へ広まっていった現象を言う。

---

360 或人云山水をなして石をたつる事はふかき
361 こゝろあるへし以土為帝王以水為臣下ゆへに水は
362 土のゆるすときにはゆき土のふさくときには
363 とゝまる一云山をもて帝王とし水をもて臣下
364 とし石をもて輔佐の臣とすかるかゆへに水は[1]
365 山をたよりは[2]してしたかひゆくものなり但
366 山よはき時はかならす水にくつさる是則
367 臣の帝王をおかさむことをあらはせるなり
368 山よはしといふはさゝへたる石のなき所也帝よは
369 しといふは輔佐の臣なき時也かるかゆへに山は

370 石によりて全く帝は臣によりてたもつと云[3]
371 へりこのゆへに山水をなしては必石をたつへき
372 とか

訳文 庭を造る際に石を組むことには何やら深い意味合いがあるようです。ある人が言うには、土を帝王と見なし、水を臣下と見なす。故に、水は土が許す時には行き、土が塞ぐ時には止まると。またある説では、山を帝王と見なし、水を臣下と見なし、石を補佐の臣と見なす。故に、水は山を頼りとして従い行くものだ。但し、山が弱い時は必ず水に崩される。これは臣下が帝王を犯そうとすることを表す。山が弱いというのは支える石のない所だ。帝王が弱いというのは補佐の臣のいない時だ。だから、山は石によって守られ、帝王は補佐の臣によって保たれるのだ、と言われています。こういう理屈で、庭を造る際には必ず石を組まねばならないのだとか。

注(1) 理論の前提を示しただけで結論を導いてはいないので、361行目と同様に「故に」とすべきだろう。
(2) 『群書類従本』『山水抄』『無動寺乙本』から「と」の誤写だろう。（177〜178・515・691行目参照）
(3) 無事なこと。

解説 本項の最初の文はある人の言ではありません。これがある人の言であれば、文末は、「ある可し」ではなく、「あり」となっていなければなりません。本文の文章構成は、両側に序論と結論に当たる文を置き、真中に本論に当たる二つの引用文を挟み込んだサンドイッチ状の構文と考えられます。そして、その第一の引用文は、360行目の「或人云」で始まり、直ちに361行目の「以土為帝王」へと移り、363行目の「止まる」で終わります。第二の引用文は、同行の「一云」で始まり、370行目の「保つ」で終わります。よって、360～361行目の「山水を為して石を立つる事は深き心有る可し」は、問題提起文と考えられますので、冒頭へ出されることになります。

373 一水路の高下をさためて水をなかしくたすへ
374 き事は一尺に三分[1]一丈に三寸十丈に三尺を下つ
375 れは水のせゝらきなかるゝことゝこほりなし
376 但すゑになりぬれはうるはしきところ[2]も上の
377 水にをされてなかれくたる也当時ほりなかし
378 て水路の高下をみむことありかたくは竹をわ
379 りて地にのけさまにふせて水をなかして高下
380 をさたむへき也かやうに沙汰[3]せすして無左右[4]く
381 屋をたつることは子細[5]をしらさるなり水のみな
382 かみことのほかにたかゝらむ所にいたりては沙汰に
383 をよはす山水たよりをえたる地なるへし

訳文　一、水路の高低を決めて水を流し下すことについては、一尺に三分、一丈に三寸、十丈に三尺の割合（一〇〇分の三）で低くすれば、水は問題なくせせらぎ流れます。但し、下流まで来れば、水平な所があっても上流からの水に押されて流れ下ります。その場で水を掘り流して水路の高低を見ることが難しいのなら、竹を二つに割って地面の上に仰向けに伏せ、そこへ水を流して高低を決めるようにします。こうした措置も取らず、考えもなく水路の上に家屋を建てることは、後で生ずる不都合が分かっていないのです。遣水の給水口が特に高そうな所に至っては、始めからなんの措置を取る必要もありません。

そこは庭造りに好都合な地と言えるでしょう。

注(1) 一〇〇分の三（3％）の勾配　間違いなく水はせせらぎ流れるが、京内でこれだけの勾配が得られる所はあるのだろうか。（262～268行目の解説参照）『山水抄』には「一丈に二・三寸（一〇〇分の二～三）十丈に四・五寸（一〇〇〇分の四～五）」という不可解な数字が示されているが、尺度となる数値が変動したのでは標準が示せず実用に供せない。
(2) 水路の底が完璧に均されている所の意だから、勾配のない水平な所ということになる。
(3) 対処するの意。
(4) 考えもなく、無造作にの意。
(5) 差し支えること、具合の悪いことの意。本書の332～333行目には「舎屋の下を通して」と、390行目には「二棟の屋の下を経て」などと書かれているように、遣水は通常家屋の下を通されるので、その勾配に問題があると後で面倒なことになる。

384 遣水はいつれのかたよりなかしいたしても風流[1]
385 なくこのつまかのつまこの山かの山のきはへも[2]
386 要事[3]にしたかひてほりよせ〱おもしろく
387 なかしやるへき也

訳文　遣水は、どの方角から流し始めたとしても、意匠を凝らすことはせず、こちらの軒先あちらの軒先へ、こちらの山際あちらの山際へも、留意事項に従って掘り寄せ掘り寄せ面白く流れさせるようにします。

注(1)つまらなくしろという意味ではない。前にも触れたように、奇をてらうことはせず、節度を守った範囲内で面白く流せという意味。
(2)軒先の意。近くに家屋があればその軒先へ、山があればその山際へと水を導く。
(3)必要な要件、重要な事柄の意。遣水を流す上で守らなければならない重要な約束事のことで、具体的には「遣水の事」の各項に述べられている事柄を指す。

388 南庭へ出すやり水おほくは透渡殿のしたより
389 出て西へむかへてなかす常事也又北対よりいれて
390 二棟の屋のしたをへて透渡殿のしたより
391 出す水中門のまへより池へいる、常事也

訳文　南庭へ流し出す遣水は、多くの場合、透渡殿の下から出して西へ向けて流すのが通例です。また、北の対から流し入れ、二棟の家屋の下を通して透渡殿の下から出す遣水は、中門の前から池へ入れるのが通例となっています。

注(1)同行の「向かへて」と同様に「出だして」と他動詞で読み下すべきだろう。
(2)北の対と寝殿を指すようだ。

392 遣水の石を立る事はひたおもてにしけくた
393 てくたす事あるへからす或透廊[1]のしたより
394 出る所或山鼻[2]をめくる所或池へいる、所或水の
395 おれかへる所也この所々に石をひとつたて、そ
396 の石のこはむほとを多も少もたつへき也

訳文 遣水の石を組むことについては、両岸の石を向かい合わせて絶え間なく組み続けるようなことをしてはいけません。石を組む所は、あるいは透渡殿の下から出る所、あるいは山の崎をめぐる所、あるいは池へ入れる所、あるいは水の折れ返る所です。こういった所々に石を一つ組んで、その石の望むだけの数を多くても少なくても組むようにします。

注(1) 透渡殿に同じ。
(2) 遣水がたわんで山の崎をめぐる所。この内側に組まれる役石を「廻石」と呼ぶようだ。（次の項の解説参照）

解説 392行目の「直面（ひたおもて）」は、「面と向かって、正対させて」の意で、今組もうとしているのは遣水の護岸の石ですから、両岸の石同士を図19aのように向かい合わせて組むことを意味します。また「繁く立て下す」と書かれていますので、この組み方を図19bのように絶え間なく続けるということになりますが、もちろん、こ

図19a

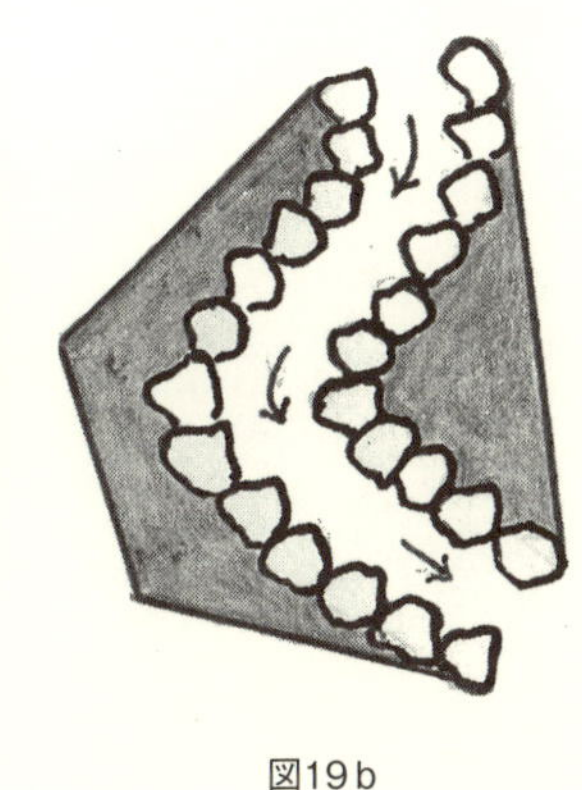

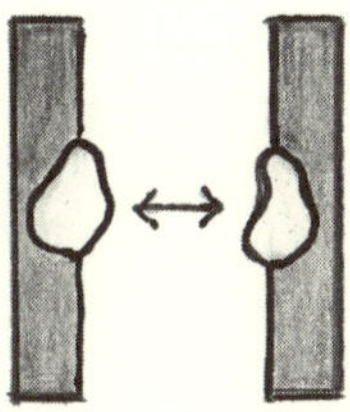

図19b

のような組み方は避けなければなりません。

397 遣水に石をたてはしめむ事は先水のおれか
398 へりたわみゆく所也本よりこの所に石のあり
399 けるによりて水のえくつさすしてたわみゆけは
400 そのすちかへゆくさきは水のつよくあたることな
401 れはその水のつよくあたりなむとおほゆる所に
402 廻石をたつる也すゑさまみなこれになすらふ
403 へし自余の所々[1]はたゝわすれさまによりくる所
404 々を[2]たつる也とかく[3]水のまかれる所に石をおほく
405 たてつれはその所にて見るはあしからねとも遠
406 くて見わたせはゆへなく石をとりおきたるやう
407 にみゆる也ちかくよりてみることはかたし[4]さし
408 のきてみむにあしからさるへき様[5]に立へき也

訳文　遣水に石を組み始めることについては、最初に水が折れ返りたわんで流れてゆく所から始めます。前もってこの所に石を組んでおくことにより水は岸を崩せずにたわんでゆくので、そこから向きを変えて流れてゆく先は水が強く当たることになるので、その水が強く当たると思われる所にまた石を組みます。廻石はそのような所に設けなさい。その先々は皆これに倣って組み続けてゆけばよいでしょう。それ以外の所々では、ただ何げなく思い浮かんだ所々に石を組んでゆきます。ややもすると水の曲がっている所には石を多く組んでしまいますが、そうすると、その所で見る分には悪くなくても、遠くから見渡せば訳もなく石を取り置いてあるように見えるものです。人が近寄って見ることはまずありません。だから、引き下がって見た時に悪くはないように組むのです。

注(1)遣水が折れ返りたわんで流れていく所以外の所々。
(2)格助詞「に」と同じ意味を表す。
(3)ともすれば、ややもすればの意。
(4)「有り難し」の略で、めったにないの意。
(5)この推量の助動詞は意味上から不適当だろう。

解説　本項の402行目には「廻石」と書かれていますが、これは間違いです。本文には、遣水が最初に折れ返りたわんでいく所（図20のA）に石を組んでおけば、その石に当たった水はたわみ進路を変えて勢いよく流れていくので、その水が強く当たると思われる所（図20のB）に廻石を組めと書かれています。つまり、このBの石を廻石と呼んでいるのですが、この石はAの石と全く同じ目的で同じ護岸に組まれるにもかかわらず、Aの石を廻石とは呼んでいません。『山水抄』にも、ここは「又石ヲ立ル也」と書かれているだけで、この石を廻石とは呼んでいません。また、本文と同趣旨の記述が「大河の様」（111〜129行目）にもありますが、そこでも「又石を立つ可き也」と書かれているだけで、この石を廻石とは呼んでいません。「廻る」とは、ある物が何かの周囲をぐるっと回ることを言いますが、このBの石に当たった水は、たわみ進路を変えるだけで、その石の周囲を廻ることはありません。したがって、この石を廻石と呼ぶことはできません。

では、「廻石」とはどの石を指すのでしょうか。一つ前の項に、遣水の石を組む所々として「山端を

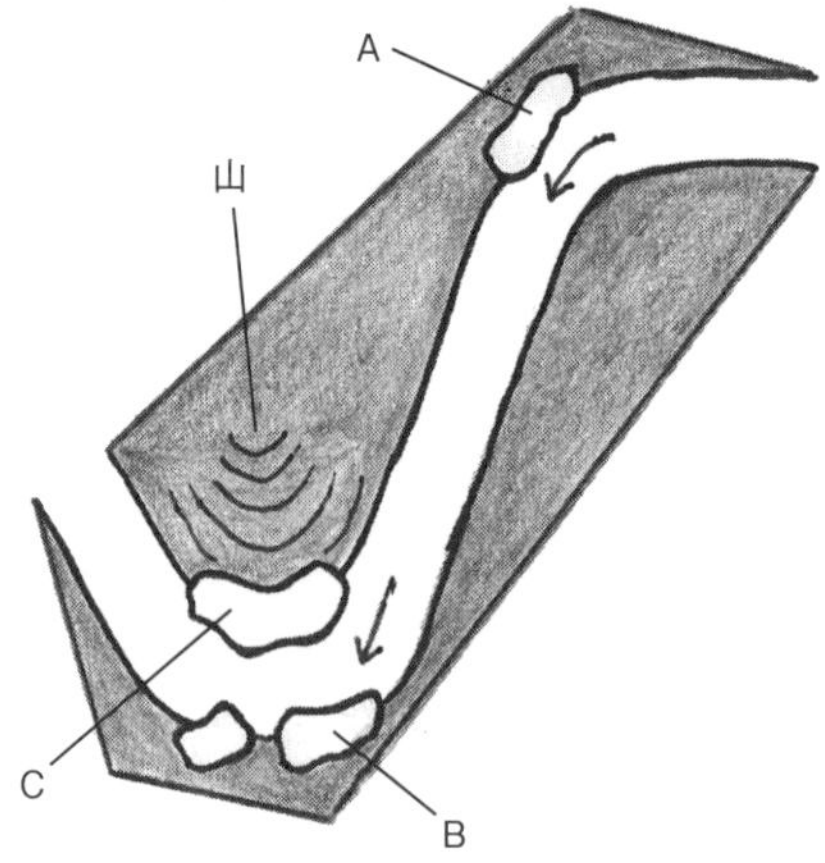

図20

廻る所」が挙げられています。ここに組まれる石は、水がその石の周囲を大きく回って流れることになりますので、十分に廻石と呼べる資格があります。この石（図20のC）は遣水のたわめる内側に必ず組まれるという訳ではありませんが、そこに山の端が来る時には組まれる公算が高く、その時には護岸のBの石とも一緒に組まれることになります。よって、問題の「廻石」（402行目）は、このCの石をBの石と取り違えたものと思われます。如上の考察から、この部分の文章は以下のように補正すべきと思います。「其の水の強く当たりなむと覚ゆる所に又石を立つる也。廻石は然の如きなる所に置く可し。」

---

409 遣水の石をたつるには底石水切の石つめ石横石
410 水こしの石あるへしこれらはみな根をふかく
411 いるへきとそ

412 横石は事外にすちかへて中ふくらに[1]面を長く
413 みせしめて左右のわきより水を落たる[2]かおも
414 しろき也ひたおもてにおちたる事もあり

訳文　遣水の石を組む時には、底石・水切の石・つめ石・横石・水越の石を組まなければなりません。これらの石は皆根を深く入れるべきだということです。横石は、思い切り斜めにし、中ふくらみに石の表面を長く露出させて、その左右の脇から水を落としているのが面白いのです。流れに正対して水が落ちていることもあります。

注⑴ 中央部のふくらんだ形状。横長の石の左右の脇から水を落とすためには、その石の中央部はふくらんだ形状になっていなければならない。『山水抄』には「中フクラミニ」と書かれている。
⑵ 「水を」と書かれているので、「落としたる」と他動詞で読み下すべきだろう。

解説　本項に記載のある五つの名称の石は、いずれも遣水の流れの中に組まれる役石と思われますが、横石のほかはなんの説明もありません。しかし、本文に「皆根を深く入る可き」と書かれていますので、これらは皆それ相応の大きさを持った石であり、底石やつめ石も、川底に敷く小石や施工上の端石などでないことは明らかです。ちまたには、これらの説明のない石まで親切に図解した出版物も出回っていますが、想像だけで補おうとすれば、それはすべて嘘になりますので、こうした行為は厳に慎まねばなりません。

横石（66行目の注参照）は、図21ａのような中央部のふくらんだ形状の石を図21ｂのように極端に斜めにして、その左右の両脇から水を落とすようにします。「面を長く見せしめて」というのは、通常は横石の表面全体から

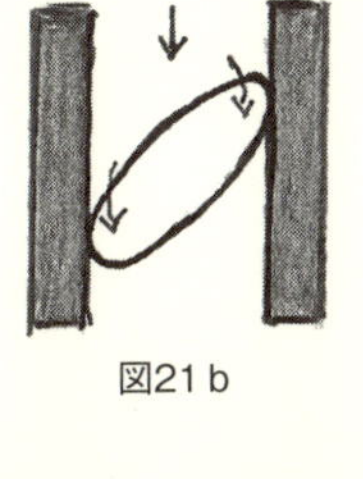
図21ｂ

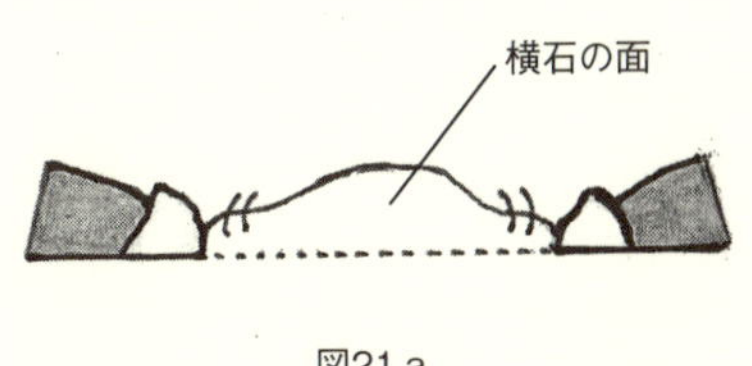

図21ａ

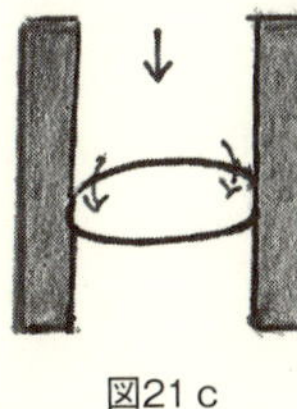
図21ｃ

水を落としますので石の表面（見付）は水に隠れて見ることができませんが、ここでは、横石の両脇からだけ水を落として石の表面を横に長く見えるようにするということです。こうすれば、動の水の表情と静の石の表情とを同時に楽しませることができます。「直面に」（414行目）は、前述のように「面と向かって、正対させて」の意で、ここでは、流れの方向と横石を正対させるという意味ですから、横石を少しも筋違えないで、図21cのように流れに直交させて落とすということです。

---

415 遣水谷川の様は山ふたつかはさまよりきひしく
416 なかれいてたるすかたなるへし水をちの石は右
417 のそはへおとしつれは又左のそはへそへておとす
418 へき也うちゝかへ〳〵こゝかしこに水をしろく
419 みすへき也すこしひろくなりぬるところには
420 すこしたかき中石をゝきてその左右に横石
421 をあらしめて中石の左右より水をなかすへき也
422 その横石より水のはやくおつる[1]所にむかへて[2]水
423 をうけたる石をたてつれは白みわたりておもし
424 ろし

訳文　谷川の形式の遣水は、二つの山の谷間から激しく水が流れ出しているものを言うようです。水を落とす石は、右の脇へ向けて落としたら、また左の脇へ向けて水を滑り落とすようにします。落とす向きを反対反対にしながら、あちらこちらで水を白く見せるようにするのです。川幅が少し広くなった所には、少し高さのある中石を設け、その左右に横石を組んで、中石の左右から水を流すようにします。その横石から水が速く落ちる所に待ち構えて水を受ける石を組めば、水が白く濁って面白くなります。

注(1) ここで流速が変わることを意味する。即ち、中石と接する横石の狭い谷状の窪みへ、中石の左右両側から（横石の上からではない）水を回わり込ませて急速に流し落とすということ。

(2)「迎へて」 いつ落ちてきても水が受けられるように、石を水の落ちてくる所に待ち構えさせておく意。

---

425 一説云遣水はそのみなもと東北西よりいてたりと
426 いふとも対屋あらはその中をとおして南庭へ
427 なかしいたすへし又二棟の屋のしたをとをし
428 て透渡殿のしたより[1]出て池へいる、水中門の
429 前をとおす常事也

訳文　ある説によれば、遣水は、その水が東・北・西のどの方角から流れ始めていたとしても、対屋があればその内側を通して南庭へ流し出せということです。また、二棟の家屋の下を通し、透渡殿の下から出して池へ入れる遣水は、中門の前を通すのが通例となっています。

注(1) 427〜428行目の「通して」「入るる」と同様に「出だして」と他動詞で読み下すべきだろう。

---

430 又池はなくて遣水はかりあらは南庭に野筋こと
431 きをあらせてそれを[1]たよりにて石を立へし
432 又山も野筋もなくて平地に石をたつる常事也
433 但[2]池なき所の遣水は事外にひろくなかして
434 庭のおもてをよく〳〵[3]うすくなして水のせゝら
435 き流を[4]堂上[5]よりみすへき也

訳文　また、池は造らず遣水だけ造るのであれば、南庭に野筋のようなものをこしらえて、それを拠り所と

して石を組みなさい。但し、池の代わりに流す遣水は、とりわけ広く流し、南庭の地表を十分に薄く造成して、水のせせらぎ流れる様を建物の上から見せるようにします。また、山も野筋も造らず、平坦な地面の上に石を組むことも通例となっています。

注
(1) 177～178・365行目と同様に「便りとして」と読み下すべきだろう。「にて」は一般に和文系の文に用いられるという。
(2) この但し書きは430～431行目の文に対してのものだから、その後に来なければならない。432行目の文は前の文とは連関がないので、但し書きの後に移すべきだろう。
(3) 南庭を造成する時の表土の厚さのことを言っているようだ。
(4) 『山水抄』と同様に「流るるを」と連体形にすべきだろう。
(5) 建物の床の上。

解説　本書には「池」という言葉が数多く使われていますが、『経書』からの引用（668行目）を除き、それらはいずれも寝殿造りの邸内に造られる庭の池を指しています。一般に、庭の池は人工のものであり自然のものではありませんので、「池がある」と言えば、それは池を造るということを意味し、「池がない」と言えば、それは池を造らないということを意味します。

では、本文にある池を造らない所の遣水はどこに流されるのでしょうか。南庭は儀式を行うための場ですから、広いスペースを確保しておく必要があります。ここには、野筋ごときは造れても、遣水をことのほかに広く流すことなどはできません。答えは、池を造るべき所ということになります。もし、そうでないとするなら、この広い空間は一体何に利用すればよいのでしょうか。遣水は当然ここに流されるはずです。また、話を敷衍して、ここには池も造らず遣水も造らないとするなら、この広い空間は一体何に利用すればよいのでしょうか。……枯山水はここに造られるのです。（80〜83行目の解説参照）「いかに確実そうに思える事実も、われわれが正しい理性を働かせてその根拠を問いつめるとき疑わしくなってしまう。（中略）誰かのつくった学説、あるいは誰かのめぐらした想像が、そのまま定説になっていることが多いのである。」（梅原 猛）

436 遣水のほとりの野筋にはおほきにはひこる前
437 栽をうふへからす桔梗女郎[1]われもかうきほうし
438 様のものをうふへし

訳文　遣水の付近の野筋には、ひどく伸び広がる草木を植えてはいけません。桔梗・女郎花・吾亦紅・擬宝珠のようなものを植えなさい。

注(1)『名月記』にも「萩女郎少し開き」と書かれているので、「女郎花」の略記だろう。『山水抄』『無動寺乙本』には正しく表記されている。

439 又遣水の瀬々には横石の歯ありてしたいやなる
440 を丶きてその前にむかへ石を丶けはそのかうへに
441 か丶る水白みあかりて見へし

訳文 **また、遣水の多くの瀬には、横石の歯があってその下の欠け落ちたものを設けて、その前に迎石を置けば、その頭に掛かる水は白く濁って見えます。**

注(1)「迎石」 現在の「水受石」に当たるが、「待伏石（まちぶせ）」と訳せば意味が分かりやすいだろう。（422行目の注参照）

解説 「歯」が麗しく横一列に揃った突起物のことで、この歯が水を離れ落とすために必要なことは前に触れた通りです。（252～254・296～298行目参照）「下いやなる」の「嫌（いや）」は、ナリ活用の形容動詞で、「嫌う、欲しない」という意味を持ちます。本文の「歯有りて下嫌なる石」とは、歯は必要だがその下の部分は不要な石のことで、図22のAの石のように、上部に前へ突き出た角（歯）があり、その下部の大きく欠損した石を指します。洛中のように、あまり勾配の得られない所で水を確実に離れ落とすためには、この歯が不可欠であり、またその水を迎石（図22のBの石）の頭に確実に当てるためには、迎石をできるだけ横石に近付けなければなりません。そのために、このような形状の石が求められるのだと思います。また、これは余談になりますが、このような形状の石には水音を響かせる効果が期待できるかもしれません。

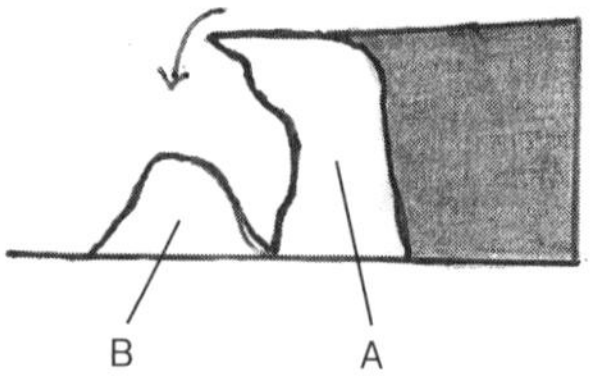

図22

442 又遣水のひろさは地形の寛狭により水の多
443 少によるへし二尺三尺四尺五尺これみなもちゐ
444 るところ也家も広大に水も巨多ならは六七尺[1]
445 にもなかすへし

訳文　また、遣水の広さは、利用できる地形の広狭によって得られる水量の多寡によって決めればよいでしょう。二尺・三尺・四尺・五尺（六〇・九〇・一二〇・一五〇センチメートル）、これらは皆実際に使われている広さです。家屋敷も広大で水量も豊富なら、六尺・七尺（一八〇・二一〇センチメートル）の広さに流すこともできます。

注(1) 67行目の注に示した理由により、「六尺七尺」とすべきだろう。

六

446 一立石口伝
447 石をたてんには先大小石をはこひよせて立へき
448 石をはかしらをかみ[1]にしふすへき石をは
449 おもてをうへにして庭のおもにとりならへて[2]
450 かれこれかかとをみあはせ〱えうしにした[3]
451 かひてひきよせ〱たつへき也

訳文　一、石組に関する口伝
石を組む時は、まず大小の石を運び集めて、立てたい石は頭を向こうにし、臥せたい石は顔を上にして庭の地面の上に取り並べて、あれこれの石の角と角とを見比べ見比べ、留意事項に従って引き寄せながら組むようにします。

注(1)「上（かみ）」は水平方行の概念を表すので、石は頭を向こうにして倒すことになる。
(2)立てる石と臥せる石とを分別して並べ置くという意味のようだ。
(3)石を組む上で守らなければならない重要な約束事のことで、具体的には以下の各項に述べられている事柄を指し、その中には禁忌も含まれると考えるべきだろう。

452 石をたてんにはまつおも石のかとあるをひとつ
453 立おゝせて次々のいしをはその石のこはんに
454 したかひて立へき也

訳文　**石を組む時は、まず母石の趣のあるものを一つ組み終わらせて、次々の石はその石の望むように組んでゆきます。**

455 石をたてんに頭うるはしき石をは前石にいた
456 るまてうるはしくたつへしかしらゆかめる石をは
457 うるはしきを面にみせしめておほすかたのかた[1]
458 ふかんことはかへりみるへからす

訳文　**石を組む場合、頭部の真っ直ぐな石は、前石に至るまで真っ直ぐに組みなさい。頭部の曲がった石は、正面からは頭部が真っ直ぐに見えるように斜めにして組みますが、そのために石全体が傾くことを気に**

かける必要はありません。

注(1) 一般に、一本の立石は、下から腰・胴・頭の三部分に分けられる。(10行目の注参照)

解説 「石組は重心が鉛直線と一致し、左右にベクトルが0の時安定して見える。」(進士五十八(しんじいそや)) この項は石の気勢について述べたものです。まず、「頭麗しき石」は、頭部の形の完璧に整った石の意で、図23aのように、頭部の中央から垂線を引いた時左右が均等になる石、つまり気勢が垂直な石を指します。「麗しく立つ可し」は、石を立てることを完璧にこなせという意味ですから、石を少しも傾けずに真っ直ぐに立てなさいということになります。「前石に至る迄」は、「母石から前石に至る迄」の略で、これは、その頭麗しき石を母石・脇石・前石のどれに使うにしてもという意味で、石組のすべての石を皆真っ直ぐに立てろという意味ではありません。

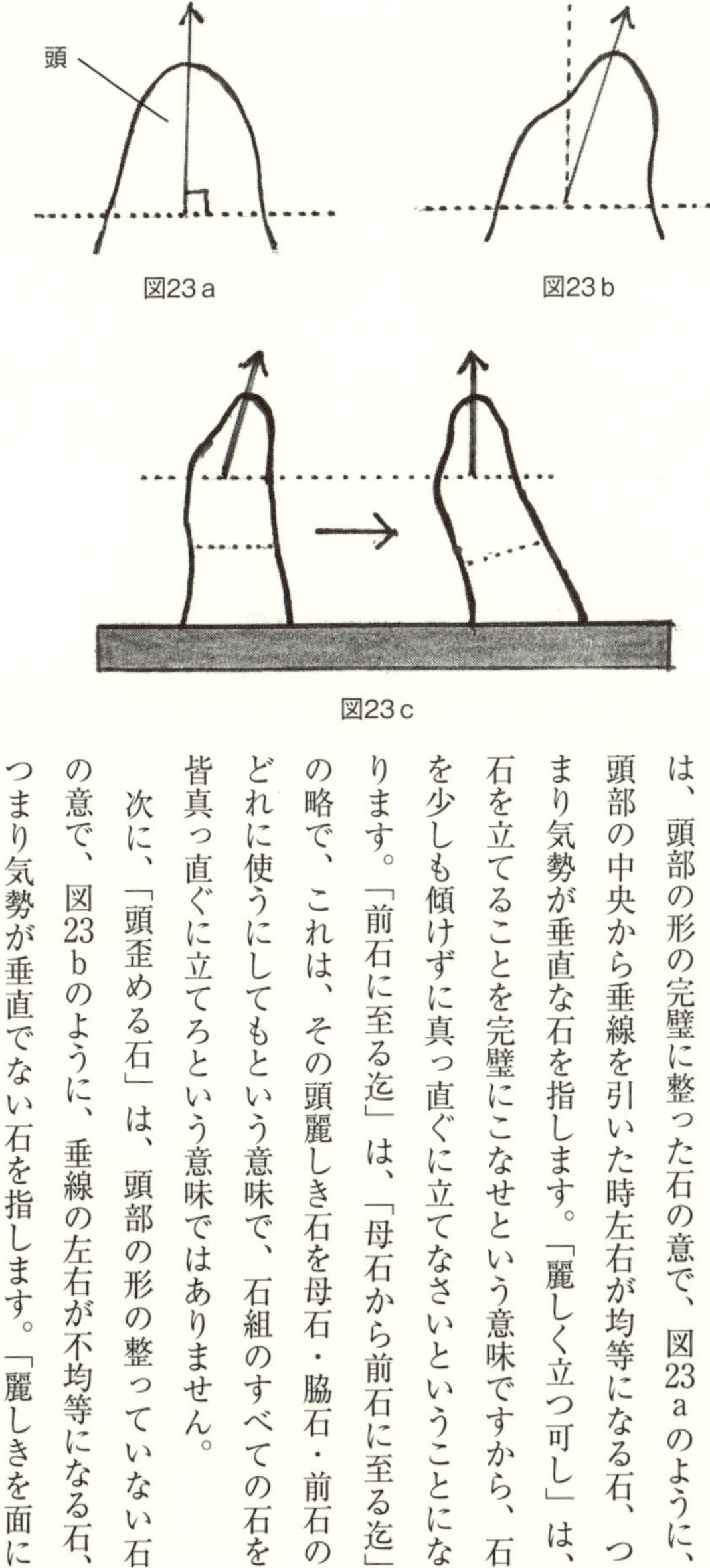

図23a

図23b

図23c

次に、「頭歪める石」は、頭部の形の整っていない石の意で、図23bのように、垂線の左右が不均等になる石、つまり気勢が垂直でない石を指します。「麗しきを面に見せしめて」は、「麗しき頭を面に見せしめて」の略で、他の方向からはどう見えても構わないが、正面（見付側）からだけは、その石の頭部の形が整っているように見えさせなさいという意味です。これは、図23ｂの矢印の方向が垂直になるように石の頭部を傾けろということで、石の向きを変えて見付を変更しろという意味ではありません。

最後に、「大姿」以降の文は、正面からは頭部の形が整っているように見えさせるために石の頭部を傾けると、その結果、その石全体までもが傾いてしまうことになるが、それを気にかける必要はないという意味です。

参考　この項は石の気勢に関する記述ですが、これと全く同じ理論が庭木の植栽法にも当て嵌まります。

「通常の針葉樹は幹軸が直立している。曲がりなく上長生長しているこの種の樹木にあっては中心線は幹軸と一致する。立て入れにはこの線を直立させればそれで足りる。広葉樹、主として落葉樹はまず不整形のものが多いと認める。このような不整形樹には垂直に見て中心線がどこにあるか、樹表の方位はどの方か、この二つの判定を第一とする。樹は曲っていても中心線は垂直にとらえられるはずである。一株で正面からながめたときには仮想の中心線を垂直に定め、不均衡であれば中心線を右または左に傾けて均一の形になるように植え込む。」

（上原敬二『庭木と植栽の技法』加島書店から）

459

又岸より水そこへたていれ又水そこより岸

460

へたてあくるところなめの石はおほきにいかめし[1]

461 くつ、かまほしけれとも人のちからかなふま

462 しきことなれは同色の石のかと思あひたらん

463 をえらひあつめて大なるすかたに立なすへき

464 なり

訳文　また、岸から水の底へ立て入れるか、または水の底から岸へ立て上げる水際に限りなく続く石は、はなはだ壮大に組み続けたいのですが、人の力ではできそうにないので、同じ色をした石の角が馴染みそうなものを選び集めて大きな姿に組み上げるようにします。

注(1)　83〜92行目の解説参照。

解説　本文に「岸より水底へ立て入れ又水底より岸へ立て上ぐる」と書かれているのは、図24のように、水際に組まれる巨石の二通りの施工法を示しているようです。この常滑の石は、167〜168行目に記載のある「波返の石」を指しているものと思われます。

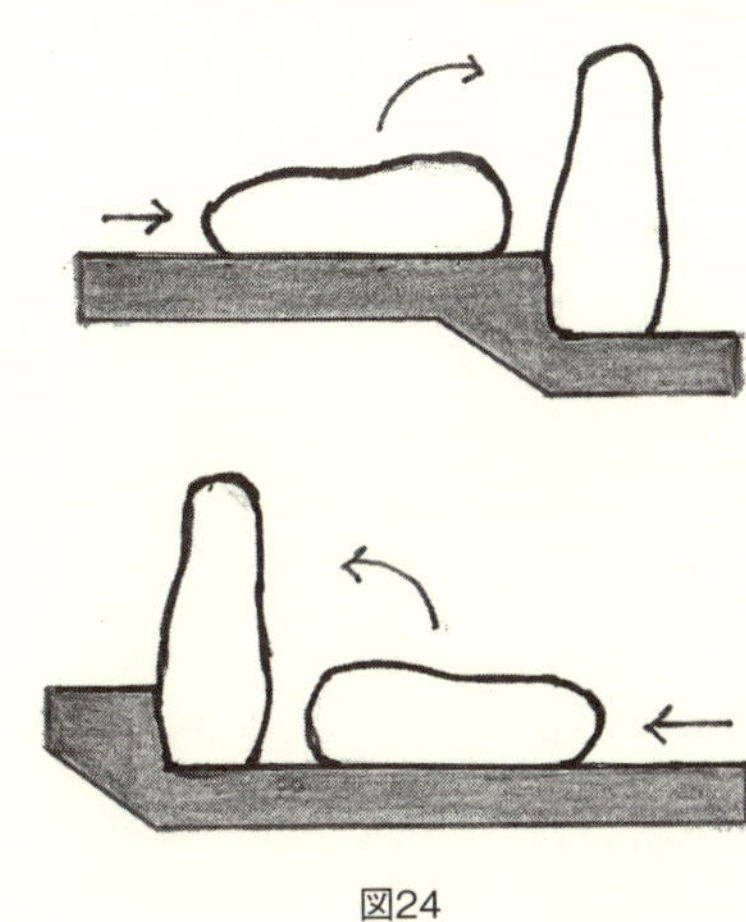

図24

465 石をたてんには先左右の脇石前石[1]を寄立

466 むするに思あひぬへき[2]石のこと[3]あるをたて

467 をきて具石をはその石の乞[4]にしたかひて

468 たつるなり

訳文　石を組む時は、まず左右の脇石や前石を寄せて組むのに角の馴染みそうな石の趣のあるものを組んでおいて、あらかじめ用意しておいた石をその石の望むように組んでゆきます。

注(1)左右の前石の意。(495行目の注参照)

(2)思い合うのが当然の石ではなく、思い合いそうな石の意だから、226行目と同様に「べからむ」と読み下すべきだろう。

(3)『群書類従本』『山水抄』『無動寺乙本』から「かと」(才(かど))の誤写と分かる。

(4)これも読み下されずに放置されたままだが、原文はたとえば次のようなものと考えられる。「具ノ石(オバ)従ヒテ其ノ石ノ乞ハムニ而立ツルナリ」

解説　本文の「具石」(467行目)は、『群書類従本』『山水抄』には「奥石」と書かれていますが、これは誤りです。『作庭記』の著者が、前の石に隠れて見えない無意味な石を立てろなどと言うはずがありません。本項と同趣旨の記述が452～454行目にもありますが、そこには、「具石をば」の代わりに「次々の石をば」と書かれています。この「次々の石」と「具石」は同じものを指すと考えられますので、問題の「具石」は、脇石や前石といった特定の石(造園用語)を指すのではなく、母石の乞はんに従って次々に組まれる不特定多数の石を指していることになります。したがって、これは「具ノ石」(あらかじめ用意しておいた石)と読み下せば疑問は解消します。具(そなえ)の石とは、「立石の口伝」の最初の項に述べられている、石を組むためにあらかじめ運び集めてきて庭の面に取り並べておいたあの大小の石のことです。

これらの石の中から、母石の乞はんに従って次々の石を選び出して組んでいきなさいというのが本項の趣旨です。

469 或人口伝云
470 そわかけの石は屏風を立たるかことし[1] 472 しをわたしかけたるかことし
471 すちかへ[2] やりとをよせかけたるかことしきさは[3]

訳文　ある人から口伝えに聞いたこと
山の急斜面に組む石は、屏風を立てたように見えるものもあり、斜めに遣戸を寄せ掛けたように見えるものもあり、階段を掛け渡したように見えるものもあります。

注(1)「岨（そわ）掛けの石」岨は山の切り立った所を言うので、これは「山受の石」(481行目)と同義になる。
(2)「筋違遣戸」という言葉はない。『無動寺乙本』のほかに、異本の『園池秘抄』にも「すちかへて」と書かれているようなので、接続助詞の「て」を補うべきだろう。
(3)両開き式の妻戸に対して引き違い式の戸のこと。この時代、単に「戸」と言えば妻戸を指すが、妻戸は、建具によって固定されていて取りはずしが利かないので、このたとえにはふさわしくない。

473 山のふもとならひに野筋の石はむら犬のふせ

474 るかことし豕むらのはしりちれるかことし
475 小牛の母にたはふれたるかことし

訳文　山の麓ならびに野筋に組む石は、一群れの野犬が潜んでいるように見えるものもあり、猪の群れが散り散りに走り去ってゆくように見えるものもあり、牛の子がお母さんにじゃれついているように見えるものもあります。

解説　これまでに本書に示された石の組み方は、原則として母石の乞はんに従うというものでしたが、ここでは、それとは異なる石の組み方のあることを仄めかしています。

476 凡石をたつる事はにくる石一両あれはをふ
477 石は七八あるへしたとへは童部のとてうくひ、くめ[1]
478 といふたはふれをしたるかことし

訳文　一般に、石を組むことについて言えば、逃げる石を一つ二つ組めば、追う石は七つ八つ組まなければなりません。たとえば、子供たちが「とちょうとちょうひびくめ」という遊びに興じている時のように。

注(1)「平安時代の子をとろ遊である。まず一人が鬼になり、他の子供たちは、互の帯の結目に摑まり、縦列形体を作り、一番前列の子供が、大手を拡げてうしろの子供をかばう。鬼になった児が、その子の前に立って一番後列にいる子を摑まえようとするのを、最初に立って大手を拡げている子が、鬼に子をとらせまいとして、右に避け、

左に避けて、鬼を防ぐのである。」（田村剛『作庭記』）

解説 遊戯では、鬼になる子と最前列の子の二人が最後尾の子をめぐって激しい攻防を繰りひろげ、残りの子たちはその動静を見ながら一団となって行動を取るという構図になりますが、この二つのグループ分けを、本文では「逃ぐる石追ふ石」と表現しているようです。これ以上の考察は後に譲ります。

---

479 石をたつるに三尊仏の石はたち[1]品文字の石は

480 ふす[1]常事也

訳文 **石を組む場合、三尊仏の石は立て、品文字の石は臥せるのが通例です。**

注(1) この両者は共に自動詞が使われているが、「石を立つるに」と書かれているので、同様に他動詞で読み下すべきだろう。

解説 『作庭記』の説く石組の基本が母石・脇石・前石の五石であることはご承知の通りですが、ここに示されているのは三石組（さんせきぐみ）の二通りの組み方で、「三尊仏」は母石と

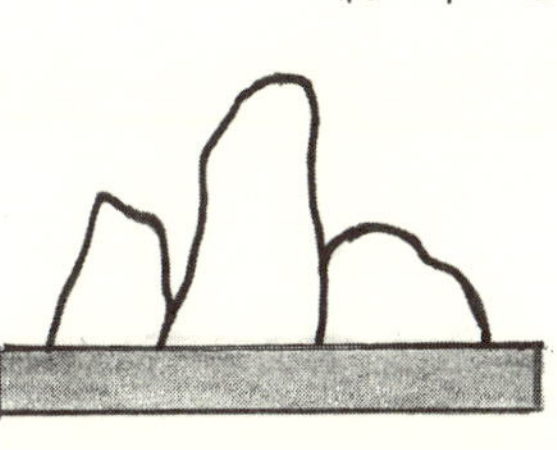

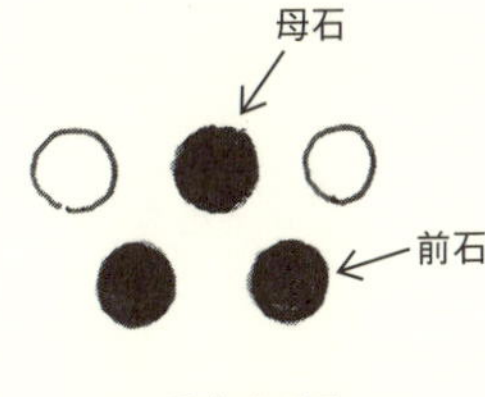

品文字の石

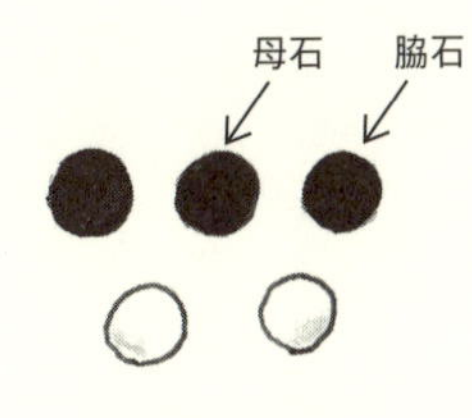

三尊仏の石

図25

脇石との組み合わせを、「品文字」は母石と前石との組み合わせを意味します。前者は、後の項（616〜620行目）に「立てる石を只一本宛兜の星等の如く立て置く事はいといとをかし」と書かれていますので、すべての石を皆立てなければならないということではなく、また後者も、同じ項に「臥する石に立てる石の無きは苦しみ無し」と書かれていますので、すべての石を皆臥せなければならないということでもありません。だとすれば、本文に書かれている「三尊仏の石品文字の石」というのは、それぞれの石組の母石を指すと考えるのが穏当ではないでしょうか。

481 又山うけの石は山をきりたてん所にはおほく
482 たつへししはをふせんにはにつゝかむと
483 ころには山と庭とのさかゐしはのふせはての
484 きはにはすれさまにたかゝらぬいしを
485 すゑもしふせもすへき也

訳文　また、山受の石は、山を急傾斜にする所には多く組まなければなりません。山が芝を張った庭へ続いているような所では、山と庭との境目と芝の張り終わり際に、さりげなく高くはない石を据えたり臥せたりします。

486 又立石にきりかさねかふりかたつくゑかた桶
487 すゑといふことあり

訳文　**また、立石には、切重・冠形・机形・桶据と呼ばれる形状のものがあります。**

解説　本文の「立石」は、後に二度使われている「三尊仏の立石」（523・624行目）という表現から推して、現在われわれが造園用語として用いている、臥石に対する立石と同義と考えてよいと思います。また、文末は「と言ふ事有り」と書かれていますが、この「言ふ事」という表現は本書ではほかに三度（162・169・284行目）使われていて、いずれも物の分類名称を話題にしている時に用いられています。それに従えば、本項は、特徴のある立石の形状を分類し、それに名称を付けたものと理解できますが、図がありませんので、その詳細を知ることはできません。

488　又石を立にはにくる石あれはおふいしあり
491　つふける石ありたてる石あれはふせる石あり
489　かたふくいしあれはさゝふるいしありふまふ
492　といへり
490　る石あれはうくる石ありあふける石あれはう

訳文　**また、石を組む場合、逃げる石を組めば追う石も組め、傾く石を組めば支える石も組め、踏みつける石を組めば受ける石も組め、仰向いた石を組めば俯いた石も組め、立てる石を組めば臥せる石も組めと言われています。**

解説　本項に記載のある多くの名称の石は、たとえとして持ち出されたものであり、立てる石と臥せる石を除き、そのような名称の石が実際に存在する訳ではありません。ここに挙げられている五組の石は、陰陽に準えることもでき、それぞれが対立する関係にあると同時に、互いに補完しあう関係にもあると考えられます。そして、この関係は最後の立てる石と臥せる石によって代表的に示され、前の四例は、これを引き出すために同類のたとえを持ち出してその伏線を敷いたものに過ぎません。したがって、本項の趣旨は、最後の「立てる石有れば臥せる石有り」という一文に収斂され、その心は、変化と調和を考えて石を組みなさいということになります。

また、同様の趣旨から、前に考察を保留しておいた項（476〜478行目）も、「立つる石一つ両つ有れば臥する石は七つ八つ有る可し」と言い替えることができ、これは、立石と臥石の数の上でのバランスを大まかに示したものと理解することができます。

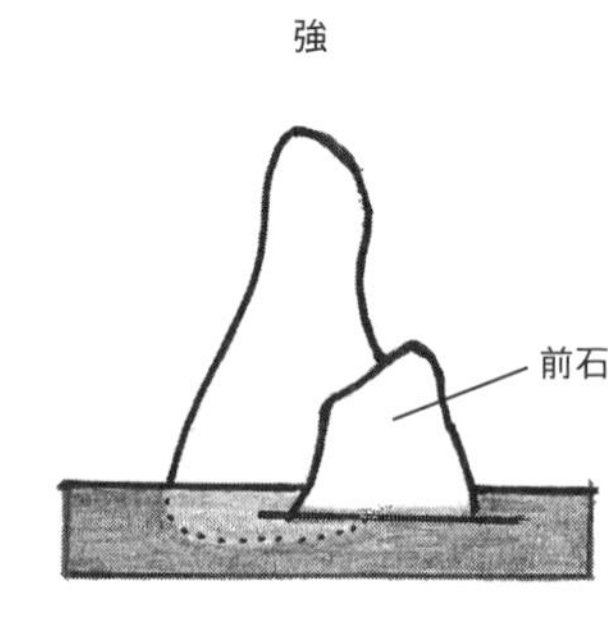

図26

493 石をはつよくたつへしつよし[1]とふはねを
494 ふかくいるへきか但根ふかくいれたりといへとも
495 [2]前石をよせたてされはよはく[3]みゆあさく
496 いれたれとも前石をよせつれははつよく見ゆる

497 なりこれ口伝也

訳文　石は力強く組まなければなりません。力強いというのは根を深く入れるということなのだろうか。但し、根を深く入れたとしても、前石を寄せて組まなければ弱く見えます。根を浅くしか入れなくても、前石を寄せて組めば力強く見えます。これは口伝です。（関連図168ページ）

注(1)『群書類従本』『山水抄』『無動寺乙本』から「といふは」（と言ふは）の落字と分かる。

(2)図26を見れば分かると思うが、この前石を母石の直前に組んだのでは石を力強く見せることはできない。前石は、滝石組を除き、左右に一対存在すると考えるべきだろう。

(3)対比する二つの文を並記したその一方なので、他方と同様に「見ゆる也」とすべきだろう。

498 石をたてゝは石のもとをよく〳〵つきかため

499 てちりはかりのすきまもあらせすつちをこむ

500 へきなり石のくちはかりにこみたるはあめふれ

501 はすゝかれてつひにうつをになるへしほそき

502 木をもちてそこよりあくまてつきこむ也

訳文　石を組んだら石の根元を十分に突き固めて、ほんの少しの隙間もつくらず土を詰め込むようにします。石のとば口ばかりに詰め込んだのでは、雨が降れば洗い流されて最後には空洞になってしまいます。細い木の棒を使って、穴の底から徹底的に突き込むのです。

七

503 石をたつるにはおほくの禁忌[1]ありひとつもこれ
504 を犯つれはあるし常に病ありてつひに命
505 をうしなひ所の荒廃して必鬼神[2]のすみ
506 かとなるへしといへり

訳文　石を組むには多くの禁忌があります。一つでもこれを破ると、主人は常に病を得てついには命を失い、その所も荒廃して必ず鬼神の住みかとなるだろうと言われています。

注(1)庭を造る上で障りがあるとして禁じられた行為。
(2)いわゆる鬼のことで、人間や動物などの霊を指すようだ。

507 其禁忌といふは
508 一もと立たる[1]石をふせもと臥る石をたてる[2]也
509 かくの[3]ことき しつれはその石かならす霊石[4]
510 となりてたゝりをなすへし

訳文　その禁忌と言うのは
一、元立っていた石を臥せ、元臥せていた石を立てることです。このようなことをすると、その石は必ず霊石となって祟りをなします。

注(1)この行の「立たる（たち）」と「臥る（ふせ）」は共に完了形で、前者は助動詞「たり」を、後者は助動詞「り」を使っているが、これらは対になっているのでどちらかに統一しなければならない。「立たる石」という表現は本書ではほかに使

われていないので、「立てる石」とすべきだろう。

(2)同行の「臥せ」と対になっているので、同様に「立つる」と他動詞にすべきだろう。

(3)連体形になっているので、この後に「事」を補って読み下すか、または「かくのごとく」と連用形にすべきだろう。『山水抄』『無動寺乙本』は後者を採用している。

(4)「霊には正負両義あり、古代人にとってそれは神霊との交わりを意味する場合もあれば悪霊との葛藤を意味する場合もある。」(呉哲男『古代言語探求』五柳書院) この「霊石」は、氏の言う負の霊に当たるので、それを明瞭にするため、「リョウセキ」と読んで区別することにする。

---

511 ひらなる石のもとふせるをそはたて丶[1]高所より
512 も下所よりも家にむかへつれは遠近をきらは
513 すたゝりをなすへし

訳文　一、平たい石の元臥せていたものを、欹てて高い所からでも低い所からでも家に向けると、その遠近にかかわらず祟りをなします。

注(1)ある物の一方の端を持ち上げて傾かせる意だから、石は、縦使いにして鏡の光を当てるように寝殿へ向けることになる。どのくらい傾けるといけないのかは清少納言の枕に聞くべし。

514 一高さ四尺五尺になりぬる石を丑寅方に立へからす

515 或は霊石となり或魔縁入来[1]のたよりとなるゆへ

516 にその所に人の住することひさしからす

517 但未申方に三尊仏のいしをたてむかへつれは

518 たゝりをなさす魔縁いりきたらさるへし

訳文　一、高さが四尺、五尺（一二〇・一五〇センチメートル）に達する石を丑寅の方角（北東）に組んではいけません。その石があるいは霊石となり、あるいは悪魔が人を惑わせに来る拠り所となるため、その所に人が長く住むことはできません。但し、未申の方角（南西）に三尊仏の石を組んでそれに向かい合わせれば、祟りをなすこともなく、悪魔が人を惑わせに入ってくることもありません。

注(1)『日本国語大辞典』によれば、「ニュウライ」または「ジュライ」という読みは近世以降のもので、それ以前には確認されていないという。

519 一家の縁より高き石を家ちかくたつへからす

520 これをゝかしつれは凶事たえすして而家主[1]

521 ひさしく住する事なし但堂社はそのはゝ

522 かりなし

訳文　一、家の縁側よりも高い石を家の近くに組んではいけません。これを破ると、縁起の悪いことが絶えず起き、その家の主人はそこに長く住むことができません。但し、堂舎の場合はその差し障りはありません。

注(1)漢文では明瞭な意義を持たない置字なので、文中に残しておく必要はないだろう。

523 一三尊仏の立石をまさしく寝殿にむかふへか[1][2]
524 らすすこしき余方へむかふしこれを、かす[3][4]
525 不吉也

訳文　一、三尊仏の立石を正確に寝殿に向けてはいけません。少し違う方へ向けなさい。これを破ると、縁起の悪いことが起きます。

注(1)中尊に当たる母石を指すと思われる。
(2)類書の『童子口伝書』には、寝殿（家）の真正面へ向けてはならないものとして、三尊石のほかに「山崎・島崎・洲崎・滝・橋・道・谷」などが挙げられている。
(3)『群書類従本』『山水抄』『無動寺乙本』から「むかふへし」（向かふ可し）の落字と分かる。
(4)原文は558行目の「犯之不吉也」と同じと思われ、これを初出の72～73行目以降では「之を犯しつれば」と完了形で読み下しているので、それらに倣うべきだろう。

526 一庭上に立る石舎屋の柱のすちにたつへからす
527 これを、かしつれは子孫不吉なり悪事により

528 て財をうしなふへし

訳文　一、南庭の地表に組む石は、舎屋の柱の延長線上に組んではいけません。これを破ると、子孫に縁起の悪いことが起きます。悪い企みによって財産を失います。

529 一家の縁のほとりに大なる石を北まくらならひに西まくらにふせつれはあるし一季を[1]
530
531 すこさす凡大なる石を縁ちかくふする事は
532 おゝきにはゝかるへしあるしと[2]ゝまり
533 ちうする事[3]なしといへり

訳文　一、家の縁側の付近に大きな石を北枕ならびに西枕に臥せると、主人は一季でさえもそこで過ごすことはできません。一般に、大きな石を縁側の近くに臥せることは特に慎まねばなりません。これを破ると、主人はそこに住み続けることができないと言われています。

注(1) 春夏秋冬のどれか一つの季節。「たけくまの松の木末に春と夏と二季をかけて藤咲きにけり」(『夫木集』)
(2) この前に「是を犯しつれば」が脱落しているようだ。
(3)「住する事」516行目には漢字で表記されている。

534 一家の未申方のはしらのほとりに石をたつ
535 へからすこれをゝかせ[1]は家中に病事たえす

536 と□[2]

訳文　一、家の未申の方角（南西）の柱の付近に石を組んではいけません。これを破ると、その一家中に病にまつわる煩いごとが絶えないと言われています。

注(1) 524行目の注参照。
(2)『群書類従本』『無動寺乙本』から「いへり」（言へり）と補える。

537 一未申方に山をゝくへからすたゝし道をとほ
538 □[1]はゝかりあるへからす山をいむ事は白虎
539 の道をふさかさらん[2]かためなりひとへに
540 □[3]てつきふたかん[2]事はゝかり
541 あるへし

訳文　一、未申の方角（南西）に山を設けてはいけません。但し、そこに道を通せばこれを慎む必要はありません。山を嫌うのは、白虎のつかさどる道を塞がないようにするためだからです。ひとえに山を築いて白虎の道を塞ぎつぶそうとすることは慎まねばなりません。

注(1) 文法上から「通す」の未然形「さ」と補える。
(2)「塞ぐ」と「塞ぐ」に意味上の相違はない。この両者も語調によって読み分けられているようだ。塞ぐは訓点資料にはあまり見られず、主に和文に用いられるという。
(3) 未申の方角全体に山をレイアウトして、その山が白虎の道を築き塞いでしまうことは避けなさいという文意だから、このおよそ六字分の虫損には537行目の「山を置く」と同義の語句が入ることになる。よって、「山を有らしめ」と補うのが適当だろう。

542 一山をつきてそのたにを家にむかふへからす
543 [1]これをむかふる女子不吉云々又たにのくちを
544 [2]□むかふへからすこしき余方へ[3]むか
545 □

訳文　一、山を築いてできたその谷を家に向けてはいけません。これを家に向けると、そこの娘に縁起の悪いことが起きます。（以下略）また、谷の口を正確に□に向けてはいけません。少し違う方へ向けなさい。

注(1)『山水抄』には「之ヲ向フレバ」と書かれているが、524行目の注に示した理由により、「是を向かへつれば」と読み下し、文末には断定の助動詞の「也」を補うべきだろう。
(2) 523～525行目に同様の表現があり、38～41行目にも類似の表現があるので、「まさしく□に」と補えるが、肝心の一文字は判明しない。
(3)『群書類従本』『無動寺乙本』から「むかふへし」（向かふ可し）と補える。

546 一臥石を戌亥方にむかふへからすこれを丶かし
547 つれは財物倉にと丶まらす[1]奴畜あつまらす
548 [2]□戌亥□[3]水路をとほさす福徳戸内なるか
549 ゆへに流水ことには丶かるへしといへり

訳文　一、臥石を戌亥の方角（北西）へ向けてはいけません。これを破ると、金品は倉に留まらず、奴婢や家畜も集まりません。また、戌亥の方角には水路を通すこともしません。福徳は家の中へ入ってきてほしいものだから、流水は特に慎まねばならないと言われています。

注(1)奴婢は、貴族や社寺などが所有する私奴婢と呼ばれる賤民のことで、農・工業の手伝いや雑役に従事させるために大量の人員が求められた。

(2)『群書類従本』から「又戌亥方に」と補える。

(3)戌亥の方角は福運の通路とされるので、ここに水路を通すと、福運が皆流されてしまうということなのだろう。

---

550 [1]□したりのあたるところに石をたつへ
551 からすそのとはしりかゝれる人[2]悪瘡いつへし
552 [3]檜皮のしたゝりの石にあたれる[4]所の[5]毒を
553 なすゆへ也或人云檜山杣人はおほく足に[6]こ
554 □病ありとか

訳文　一、雨垂れの当たる所に石を組んではいけません。そのしぶきの掛かる人に悪性の腫れ物ができます。檜皮のしずくが石に当たる所で毒と化すからです。ある人が言うには、檜の山林で働く撨夫は大概足にこ□いう病気を持っているのだとか。

注(1)『群書類従本』『無動寺乙本』から「一あましたり」（一、雨滴（しだ）り）と補える。

(2)主格ではないので、対象を示す格助詞の「に」を補うべきだろう。

(3)檜の樹皮を剝ぎ取ったものを、一尺五寸ないし二尺の長さに切って、葺き足四分ないし六分に重ねて葺いて、竹釘で留めた屋根。

(4)格助詞「の」には場所を示す用法はないので、別の格助詞「にて」の誤りだろう。

(5)ある植物が他の植物の成長を阻害する物質を出して自分だけが成長しようとする性質を他感作用といい、檜にもこの作用があるという。仮に、この物質が有害なものであるとすれば、雨水が銅屋根を伝い落ちる間には銅の含有濃度が数千倍にもなる、というデータ（国立環境研究所・佐竹研一）があるので、本文の記述内容は否定できないかもしれない。しかし、現代の林業関係者や檜皮葺き職人の間には、檜に毒があるという認識はないようだ。ちなみに、檜の林業品種の中には、「漏脂病」あるいは「とくり病」と呼ばれる病気にかかりやすいものがあるそうだ。

(6)『群書類従本』には「□いふ」と書かれている。

---

555 一東方に余石よりも大なる石の白色なるをたて

556 つへからす其主ひとにをかさるへし余方にも

557 その方を剋せらむ[1]色の石の余石よりも

558 大ならむをたつへからす犯之不吉也[2]

訳文　一、東の方角に、他の石よりも大きな石の白い色をしたものを組んではいけません。そこの主人が人から危害を加えられます。これ以外の方角についても、その方角に打ち勝ちそうな色をした石の、他の石よりも大きそうなものを組んではいけません。これを破ると、縁起の悪いことが起きます。

注(1)五行説では「黒は赤に、赤は白に、白は青に、青は黄に、黄は黒にそれぞれ勝つ」とされる。

(2)524行目の注参照。

参考「五行における金気は諸刃の劔で、堅固、恒常の象徴ではあるが、その一方、木気の生気に対する殺気でもある。東方は木気で生気。したがって、東の方位に金気を象徴する白色の巨石を立てれば、「金剋木」の理によって生気は犯され、それはその居住者の生命にも関わる。そこでタブーとされるのである。」（吉野裕子『易・五行と源氏の世界』人文書院）

559 一名所をまねはんにはその名をえたらん里荒[1]
560 廃したらは其所をまなふへからす荒たる所
561 を家の前にうつしとゝめむ事はゝかりあるへき
562 ゆへなり

訳文　一、名所を模倣する場合、名所と同じ名前の里があって、もしその里が荒廃したならその所を模倣してはいけません。荒れ果てた所を家の前に写し留めることは慎まねばならないからです。

注(1)「その」は名所を指し、「名を得」は名前を付ける意だから、名所と同じ名前を付けた里のこと。分かりやすくたとえれば、近江の名所・岩根山の麓に岩根の集落（里）があるように、その名所の膝元の里ということになる。但し、本文に「たらむ」と書かれているように、この関係が常に成立するとは限らない。

563 一弘高云石□荒涼に立へからす石を立には禁忌事
564 等侍也其禁忌をひとつも犯つれはあるし必事
565 あり其所ひさしからすと云る事侍りと云々

訳文　一、弘高が言うには、庭石は軽率に組んではいけません。石を組むには禁忌とされていることなどがございます。その禁忌を一つでも破ると、主人の身に必ず一大事が起き、その所も長くはないと言われていることがございますと。（以下略）

注(1)「巨勢弘高（広貴）」　平安時代中期の宮廷画家で、日本の絵画における古典様式を確立したとされる人物。同時代末期に石立僧が登場するまでは、こういった絵師たちが作庭にかかわっていたと見られている。
(2)注意を喚起する文章で「石」が強調されているので、それを示す係助詞の「は」を補うべきだろう。その後は、通常の文章なので、格助詞の「を」が使われている。
(3)不注意に、迂闊にの意。
(4)前後の文章に因果関係があり、継続性が認められるので、この後に接続助詞の「て」を補うべきだろう。

566 山若河辺に本ある石も其姿をえつれは必
567 石神となりて成祟事国々おほし其所に
568 □久からす但山をへたて河をへたてつれは
569 あなかちにとかたゝりなし

訳文　一、山または川辺に元あった石でも、石神の姿になれば必ずその正体を現して祟りをなす事例が諸国に数多くあります。そういう所に人が長くいることはできません。但し、その石を山一つ隔て川一つ隔てた所へ捨ててしまえば、決して咎められることも祟られることもありません。

注(1)禁忌の一条項として独立しているので、この前に「一」を補うべきだろう。
(2)石神の姿を手に入れれば、石神の姿になればの意。山や川辺にあった石を取ってきて庭に組む時に、石神に見えるような姿に組んでしまうと、その石に石神の霊が乗り移って祟りをなすという意味。一般に、石神の御神体は奇岩・怪石とされるので、逆石などの不自然な石使いを諌めたのだろう。
(3)『群書類従本』『無動寺乙本』から「人」と補える。
(4)霊石を自分の生活圏の外へ廃棄して厄を除けようという、誰しもが考える安易で身勝手な解決策だ。堂々巡りになってまた自分の所へ戻って来るかもしれない。

570 一霊石は自高峰丸はし下せとも落立る所に[1][2]
571 不違本座席也如此石をは不可立可捨之
572 又過五尺石を寅方にたつへからす自鬼門入来[3]
573 鬼也

訳文　一、霊石というものは、たとえ高い峰の上から転がし落としたとしても、落ちて立つ所は元の立っていた場所と変わることはありません。このような石を庭に組んではいけません。捨ててしまいなさい。

また、五尺（一五〇センチメートル）を超える石を寅の方角（東北東）に組んではいけません。鬼門（北東）から鬼が入ってきます。

注(1)「転はし下せ」の誤字で、転がし落とすの意。
(2) 主題を示しているので、係助詞「は」の誤写だろう。
(3) 寅の方角を鬼門と呼ぶのは、一説には『山海経』の説話に由来するそうだ。「中国の東方に度朔山という山があった。山の上には三千里にも枝を張り伸ばした桃の木があり、北東の隅にあたる枝は門のような形をしていた。そこはさまざまな鬼が出入するため鬼門と呼ばれたが、ジンダ、ウツルイという名の兄弟の神が鬼の検閲にあたり、悪鬼がきたときは葦の索で縛り上げ、虎に食わせた。そのため度朔山は平穏を保てた。」（新谷尚紀『日本人の禁忌』青春出版社）

解説　助動詞「也」（571行目）には断定と推定・伝聞の二つの用法があります。本文の記述はありもしない仮定の話ですので、この也が断定の意であるはずはありません。したがって、「本の座席を違えず也」（元の座席と変わらないそうです。）と推定・伝聞の意に取るのが常識的です。ではありますが、荒唐無稽な話で、ありえないことが分かり切っているだけに、それを逆手に取って断定をすればかえって強い説得力が得られるのではないかと考え、「本の座席を違えざる也」と断定の意に取ることにしました。

574　一荒磯の様は面白けれとも所荒て不久不可学也

訳文　一、荒磯の形式は面白いのですが、その所がすぐに荒れて長くは持ちません。なので模倣できそうにありません。

注⑴連語「可からず」の意味は辞書に三つ示されている。⑴不可能（できそうもない）⑵打ち消し（できるはずがない）⑶禁止（してはいけない）　本文のニュアンスに最も近いのは⑴だろう。『山水抄』には次のように書かれている。「所荒レテ久シカラザル故ニ、好ミ立ツベカラズ」（その所がすぐに荒れて長くは持たないので、興味本位で造るべきではない。）

575 一島をゝく事は山島を置て海のはてを見
576 せさるやうにすへきなり山のちきれた
577 る隙よりわつかに海を見すへきなり

訳文　一、島を設けることについては、山島を設けて海の果てを見せないようにします。山と山とが引き離れた隙間からわずかに海を見せるようにします。

解説　本項の後半には「山の千切れたる隙」と書かれていますので、なんとかして山を千切らなければなりませんが、山を実際に千切ることはできません。「千切れる」とは、「引き離れる」という意味ですから、考え得る方法は、始めから二つの島を用意しておき、人を動かせて山が千切れたように見えさせるということです。まず、図27ａのように、山島を二つ晴の側からは一つに見えるように重ねて配置します。

この時、海の果ては人のいるAの地点から見ることはできません。次に、人をAの地点からBの地点へ移動させます。こうすれば、二つの島は人の歩みに合わせて両側へ引き離されて山を千切ることができます。このように、南庭の中心部からは海の果てが見えないようにしておいて、人が庭の隅の方へ移動するような時に、（たとえば、儀式の参列者が中門から退出する時など）こうしてできたわずかな隙間から海の果てをちらっと見せなさいというのが本項の趣旨です。

なお、文中には山と島という言葉が混同して使われていますが、「山島」とは、山が島で島が山である島のことです。（172〜175行目参照）

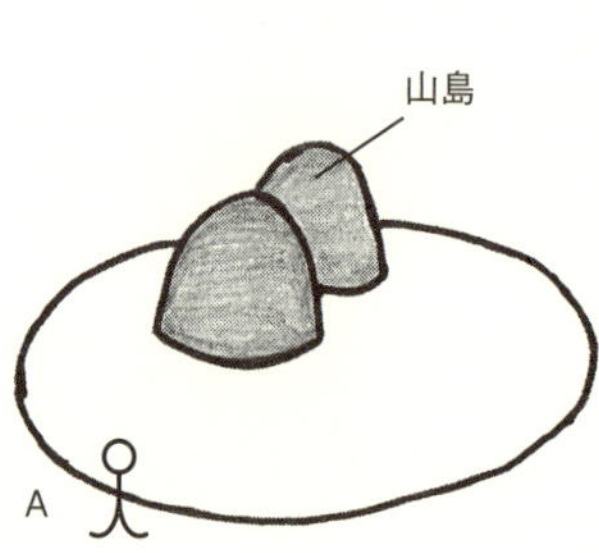

図27 a

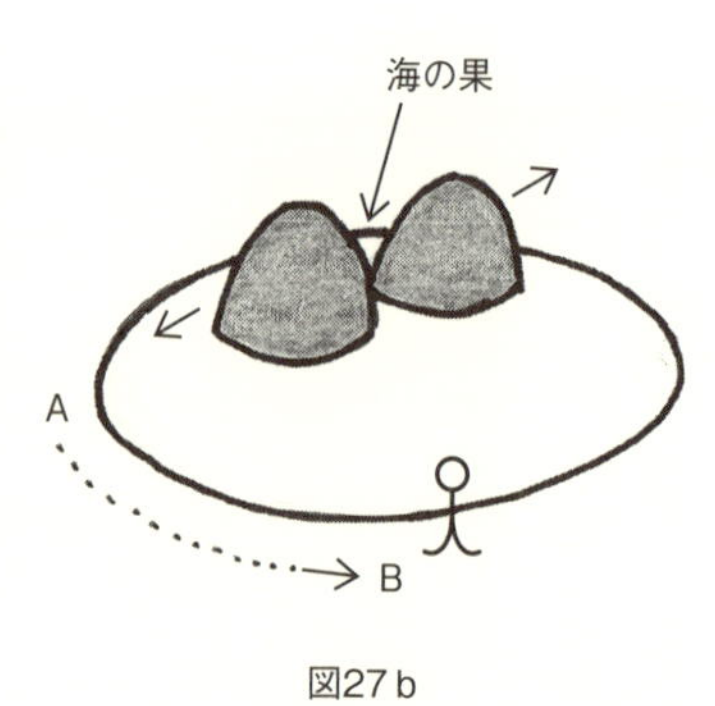

図27 b

578 一峰の上に又山をかさぬへからす山を
579 かさぬれは[1]祟の字を[2]なす[3]水は随入物成形
580 [4]随形成善悪也然は池形よく〳〵用意ある
581 へし

訳文　一、山頂の上にまた山を重ねてはいけません。山を二つ重ねれば祟の字と同じになるからです。また、水は入れ物に従ってその形をなし、その形に従って良くも悪くもなります。だから、池の形には十分配慮をしなければなりません。

注(1)『群書類従本』『無動寺乙本』から「祟」の誤字と分かる。
(2)禁止する理由を述べた文章なので、文末に「故也」を補うべきだろう。
(3)ここから話題が変わるので、この前に「又」を補うべきだろう。
(4)599〜600行目では「物」を補って読み下している。

582 一山の樹のくらき所に不可畳[1]滝云々此条は
583 あるへし滝は木くらき所より落たる□[2]
584 そ面白けれ古所[3]もさのみこそ侍めれ
585 なかにも実の深山には人不可居住山家の
586 辺なとに聊滝をたゝみて其辺に樹を
587 せんはゝかりなからむか不植木之条一向不
588 可用之

訳文　一、山の木の茂った暗い所に滝を畳んではならない。（以下略）この条は慎む必要はありません。滝というものは木暗い所から落ちていてこそ面白いのです。昔からある所も皆そのようになっているものばかりのようです。とりわけ、本当の山奥に人が住むことはできないのです。だから、山家に擬えた家の付近に少しばかり滝を畳み、その辺りに木を植えようとしてもなんの差しつかえもないのでしょうか。滝の付近には木を植えないというこの条は全く採用すべきではありません。

注⑴多数のものを連続して重ねる意。

⑵文末が已然形で係り結びが成立しているので、「こそ」と補える。

⑶「古き」は、過去の一時点で起きた出来事を表す場合と、その出来事が現在までも続いていることを表す場合とがある。本文の古きは、後者の意と考えられるので、昔の人が滝を畳み、今もそれを見ることのできる所ということになる。

解説　本項の文章には一部不備があるようです。『谷村家本』の582～583行目にある「此条はあるへし」（此条可有）は、『群書類従本』には「此条は□あるべからず」（此条不可有□）と、『無動寺乙本』には「此条はあるへからす」（此条不可有）と書かれています。これらの中で原本に最も近いと思われるのは『群書類従本』で、『無動寺乙本』はその虫損が脱落し、『谷村家本』はその虫損と「不」の二文字が脱落したものと考えられます。したがって、この虫損を補えば事は足りるのではないかと思います。本項は禁忌とされる事柄を解除しようとする文章で、これと同類の文章が前に一カ所あり（537～538行目）、そこには「は丶かりあるへからす」（不可有憚）と書かれており、また、次の項にも同様の表現が使われていますので、この虫損は「はばかり」（憚）と補うのが適当ではないでしょうか。

589 一宋人云山もしは河岸の石のくつれをちて

590 かたそわにも谷底にもあるはもとよりく

591 つれおちてもとのかしらも根になりもと
592 の根もかしらになり又そはたてるもあり
593 のけふせるもあれともさて年をへて色
594 もかはりこけもおひぬるは人のしわさに
595 あらすをのれかみつからしたる事なれは
596 その定に立も臥もせむもまたくはゝかり
597 あるへからす云々

訳文　一、宋の国の人が言うには、山または川岸の石が崩れ落ちて崖下にも谷底にもあるのは、昔から崩れ落ち崩れ落ちして、元の頭が根になっていたり元の根が頭になっていたり、また峙っているものもあれば仰向けに臥せているものもあるが、さて、年月が経って色も変わり苔も生えてくるのは人の仕業ではなく己が自らしたことなのだから、そういう自然の定めの前では、石を立てようとしようが臥せようとしようがなんの差しつかえもあるはずがないと。（以下略）

598 一池はかめもしはつるのすかたにほるへし
599 水はうつはものにしたかひてそのかたち
600 をなすものなり又祝言[1]をかなにかき
601 たるすかた[2]そなとおもひよせてほる[3]へ
602 きか[2]なり

訳文　一、池は亀または鶴の姿に掘りなさい。水は器物に従ってその形をなすものです。また、祝言を仮名で書いた姿などを思い合わせて掘るようにします。

注(1) お祝いに使われるめでたい言葉。

(2)両方とも『群書類従本』にはないので衍字だろう。

(3)「仮名で書いた祝言の姿をそこの地形と結びつけて考えてそこの地形に最も合いそうな祝言を選び出してその姿に池を掘る」という意味だが、当時実際にこのような煩わしい池の掘り方がなされていたとは考えられない。

解説　本書の説く所では、池は「地形を見立て便りに従ひて掘る」とされています（14～15行目）。ところが、ここへ来て池は亀または鶴の姿に掘れと書かれています。池を掘ることは作庭上最優先されるべき事項ですので、もしこれが正しいのであれば、この説は14行目の所で述べられていなければなりません。また、『作庭記』の著者が、池は亀または鶴の姿に掘れなどと画一的なことを強要するとも思えません。この項は、人伝えに聞き及んだことを善悪を論ぜず記し置いた部類に属するものと見るべきであり、これをもって、当時実際に池が亀や鶴の姿に掘られていた証左とすることはできません。亀・鶴・祝言に共通する概念はめでたい物であり、またこの項は禁忌の項目の中に組み込まれていますので、池は縁起の悪い姿に掘ってはいけないという趣意なのだと思います。同趣旨の記述が本書の579～581行目にもありますが、そこには次のように書かれています。「水は容物に従ひて形を成し、形に従ひて善悪を成す物也。然れば、池の形能く能く用意有る可し。」（上略）だから、池の形には十分配慮をしなければなりません。）

603　一池はあさかるへし[1]池ふかけれは魚大なり魚

604 大なれは悪虫となりて人を害[2]□

訳文　一、池は浅くしなさい。池が深ければ魚が大きくなり、魚が大きくなれば悪虫となって人を殺します。

注(1)文法上の問題はなく読みやすいが、この読み下しは秘伝書の格調を下げるような気がする。

(2)『群書類従本』『無動寺乙本』には「害す」と書かれている。

605 一池に水鳥つねにあれは家主安楽也云々

訳文　一、池に水鳥が常にいれば、その家の主人は安楽に暮らせます。（以下略）

606 一池尻の水門は未申方へ可出也青竜の水を

607 白虎の道へむかへて悪[1]□をいたすへきゆ

608 へなり池[2]をは常にさらさら[3]ふへきなり

訳文　一、池尻の排水口は未申の方角（南西）に造るようにします。青竜のつかさどる水を白虎のつかさどる道へ向かわせて有害な気を出さねばならないからです。また、池は常に浚わなければなりません。

注(1)同趣旨の記述が332～336行目及び611～615行目にあるので、「悪気」と補える。

(2)ここから話題が変わるので、この前に「又」を補うべきだろう。

(3)『山水抄』『無動寺乙本』にはないので、無用の重複だろう。

609 一戌亥方に水門をひらくへからすこれ奇福[1]
610 を保所なるゆへなり

訳文　一、戌亥の方角（北西）に排水口を開けてはいけません。ここは奇福を保つ所だからです。

注(1) 思いがけない幸。『群書類従本』にも「奇福」と書かれているが、『無動寺乙本』の「福寿」とも『童子口伝書』の「富貴」とも一致しない。また、本書の別の項（548～549行目）には、戌亥の方角にあるのは「福徳」と書かれていて、それとも符合しない。

611 一水をなかすことは東方より屋中[1]をと
612 おして南西へむかへて諸悪気をすゝかし
613 むるなり是則青竜の水をもて諸悪[2]を
614 白虎の道へ令洗出也人住之は咒咀[3]をはす
615 悪瘡いてす疫気なしといへり

訳文　一、遣水を流すことについては、東の方角から家屋の内側を通し、南西へ向かわせて諸々の有害な気を洗い清めさせるようにします。これは、青竜のつかさどる水で諸々の有害な気を白虎のつかさどる道へ洗い出させるということです。こういう所に人が住めば、その人は他人から呪いをかけられることもなく、悪性の腫れ物もできず、伝染病にかかる心配もないと言われています。

注(1) 建物の外側ではなく、内側を通して流すという意味。（425～427行目参照）
(2) 同行に「是則」とあり、前の文を言い替えただけなので、「諸悪気」とすべきだろう。

(3)のろい。「王朝時代の権力の亡者たちは、しばしば政敵を追い落とす手段として呪詛を選んだ。貴人の流血を忌避する平安貴族たちは呪詛という陰湿な方法をもって競争相手を葬り去ろうとしたのである。(中略)平安貴族の間で最もよく知られた呪詛の方法は、呪詛したい相手の居所の一隅に呪物を埋めるというものだった。」(繁田信一『呪いの都平安京』吉川弘文館)

619 石をたゝ一本つゝかふとのほし[3]なんとのこと
620 くたてをくことはいと〳〵おかし

616 一石をたつるにふする石[1]に立てる石[2]のなき
617 はくるしみなし立る石[1]に左右のわき
618 石前石にふせ石[2]等はかならすあるへし立る

訳文　一、石を組む場合、母石を臥石にする時は、左右の脇石や前石に立石を使わなくても構いません。母石を立石にする時には、左右の脇石や前石に臥石などを必ず使わなければなりません。立石だけをただ一本ずつ兜の星などのように立てておくことは全くもって滑稽な話です。

注(1)この両者は共に他動詞が使われている。これから臥せようとする石、立てようとする石の意で、石を組む場合、まず最初に組まれるのは母石だから、母石を臥石にする時には、立石にする時にはの意と考えられる。
(2)この両者は自動詞の完了形が使われているようだ。すでに立っている石、臥せている石の意で、今日の立石・臥石と同義になるが、618行目の「ふせ石」は、616行目の「立てる石」と対になっているので、「臥せる石」とすべきだろう。

(3)兜の鉢の表面に出ている鉄板と鉄板とを接ぎ合わせてつないだ鋲の頭部のこと。平安時代以降装飾的な要素が強くなり、厳星と呼ばれる星の著しく大きなものもあるというが、庭石とはスケールが違い過ぎていて、本項のたとえとしてはふさわしくない。本文では、立石だけを一列に整然と並べ置くような組み方を滑稽だと言っているようだ。

621 一ふるきところにをのつからた丶りをなす
622 石なんとあれはその石を剋するいろの石
623 をたてましへつれはた丶りをなす事な
624 しといへり又三尊仏の立石をはとをくたて
625 むかふへしといへり

訳文　一、屋敷の中で昔のままの所にひょっとして祟りをなす石などがあれば、その石に打ち勝つ色をした石を一緒に組んで色を混ぜ合わせれば祟りをなすことはないと言われています。また、三尊仏の立石を遠くに組んでそれに向かい合わせろとも言われています。

注(1)仮定表現になっているので、「万一」の意。
(2)順接の仮定条件を示すので、「あらば」と未然形にすべきだろう。

解説　「古き」は、前に述べましたように、過去の一時点で起きた出来事が現在までも続いていることを表します。過去の一時点とは、この場合は平安奠都を指すと考えられます。条坊制に基づく平安京の町割は、「一坊が十六町に、一町が三十二戸主に」分けられ、一戸主（一五×三〇メートル＝一三八坪）が最小の宅地区画として整備されましたが、当初から造成が不十分な所も少なくなく、宅地の中には、昔のままの自然が手付かずのまま取り残されている所もしばしば見受けられたようです。この項は、そういった所にたまたま祟りをなす石などがあった場合の対処法を示したものです。

626 一屋の丶きちかく三尺にあまれる[1]石を立る
627 事殊にはゝかるへし三年かうちにある
628 しことあるへし又石をさかさまに立る
629 こと大にはゝかるへし東北院[2]に蓮仲法
630 師かたつるところの石禁忌をゝかせること
631 ひとつ侍か

訳文　一、家屋の軒近くに三尺（九〇センチメートル）を上回る石を組むことは特に慎みなさい。三年以内に主人の身に一大事が起きます。また、石を逆さまに組むことも大いに慎まねばなりません。東北院に蓮仲法師が組んだ石の中に禁忌を犯していることが一つございます。それがこれです。

注(1) 完了の助動詞「り」が使われているが、これ以外の72・221・514行目ではいずれも完了の助動詞「ぬ」が使われているので、それらに倣い「余りぬる」と読み下すべきだろう。
(2) 藤原道長が寛仁三年（一〇一九）に造営した無量寿院（後の法成寺）の東北隅に、長元元年（一〇三〇）上東門院彰子（道長の長女）の御願(ごがん)により造られた常行三昧堂を中心とする一院で、康平元年（一〇五八）焼亡後は法成寺外の北に移建されたようだ。

解説　本項の文末は不可解な一字によって締められていますが、この「か」を詠嘆の終助詞と見る人はいないと思います。とすれば、これは疑問の係助詞ということになりますが、これが単純な疑問を表すとすれば、「禁忌を犯せる事が一つあるのだろうか」と著者が意味もなく自問していることになり、この文章をここに付け加えた理由が見出せません。反語を表すとすれば、「禁忌を犯せる事が一つとしてあるのだろうか、いや、ない」という意味になり、蓮仲法師でさえもそうしているのだから禁忌は守りなさいという説諭と取ることもできます。ところが、『山水抄』には「後ニ伏見修理大夫見テ、大ナル禁忌ヲ犯セリ　遂ニ荒廃ノ地トナラント云ハレケリ」と書かれていて、蓮仲法師は禁忌を犯していたらしいのです。だとすれば、この「か」は衍字か誤字のどちらかということになります。仮に衍字としますと、ここは「禁忌を犯せる事が一つある、それがこの石を逆様に組むことだ」という意味になり、文意はよく通るように思います。ここで注意を要するのは、この場合、文末は終止形の「侍り」となり、このような文末の語尾は著しく崩される傾向があるということです。「か」と「り」の崩し字は酷似していて判読が難しいのですが、問題の「か」も誤写された可能性が高いのではないかと思います。その傍証として、『谷村家本』ではこれと同じ過ちをすでに一度犯しています。（315〜320行目の解説参照）

---

632 或人のいはく人のたてたる石は生得の山水に
633 はまさるへからす但おほくの国々を見侍し
634 に所ひとつにあはれおもしろきものかなと
635 おほゆる事あれとやかてそのほとりにさう[1]
636 たいもなき事そのかすあり[2]人のたつるには
637 かのおもしろき所々はかりをこゝかしこに

638 まなひたて、かたはらにそのこと、なき石 639 とりおく事はなきなり

訳文　ある人が言うには、人が組んだ石は自然の風景に勝るはずがないと。但し、多くの国々を見ますと、ある所にはああ面白いものだなあと思われることがあるのに、すぐその付近には取り止めのないものがあるという事が数多くありました。人が石を組む時には、そういう面白い所々ばかりを庭のあちらこちらに模倣して組み、傍らにその大したこともない石まで取り残しておくことはしないでよいのです。

注(1)『山水抄』に「正体無キ」と書かれているので、「シャウタイ」(正体〔しょうだい〕)の直音表記だろう。「正体も無き」は、あるべき本来の姿を失った状態を言い、「取り乱した、訳の分からない」などという意味で使われる。

(2)同文の始めでは「見侍しに」と過去の助動詞が使われているので、文末も、『群書類従本』『山水抄』『無動寺乙本』と同様に「ありき」と過去の助動詞で締めるべきだろう。

640 石を立るあひたのこと年来き、をよふ 641 にしたかひて善悪をろんせす記置とこ 642 ろなり延円阿闍梨[1]は石をたつること相伝を 643 えたる人なり予又その文書をつたへえ 644 たり如此あひいとなみて大旨をこ、ろえ[2] 645 たりといへとも風情つくることなくして心[3] 646 およはさることとおほし

訳文　石を組む仕事をしている間に覚えたことを、長年に亘り人から伝え聞いたままに、その是非を問うこともせず書き留めているところです。延円阿闍梨は石組の秘伝書を伝授された人物です。私もまたその

書物を阿闍梨から受け継ぐことができました。この書に書かれている通りに仕事を行い、そのおおよその仕事内容を理解したとはいえ、趣向が尽きることはないのにそこまで考えが及ばないことが多いのです。

注(1)平安時代中期の僧侶で、絵をよくしたために絵阿闍梨とも呼ばれ、また作庭にもかかわったとされる。
(2)意訳すれば、一通りの庭の造り方は皆覚えたという意味。
(3)接続助詞で、「〜のに」の意。主に漢文訓読系の文に用いられると言う。

解説　この項は、石組に関する記述としては最後のものであり、その総括の意もこめて設けられたもので、644行目の「大旨」は、本書の劈頭を飾った第一行目のあの大旨を指しています。そして、その最初の項(2〜5行目)で、風情をめぐらして石を組みなさいと目標を掲げたのですが、実際には思うようにならず、理想と現実のギャップに悩まされているという著者の心境を吐露したのがこの文章です。「風情をめぐらす」とは、分かりやすく言えば面白くするということで、本書の著者は、その面白くする方法は無尽蔵にあるはずなのに、そこまで考えが及ばないので平凡な庭しか造れないことが多いと嘆いているのです。

その風情のめぐらし方の好例が本書の412〜414行目に示されています。この横石をことのほかに筋違える手法も誰かのめぐらした風情であり、また、こうした風情が一般に受け入れられて定着したものが形式と呼ばれ、本書に記載のある島の造り方や滝の落とし方なども、皆先人のめぐらした風情の結晶ということができます。なお、風情と類似した言葉に「風流」があり、「善を尽くし美を尽くすこと」と解されていますが、これは、分かりやすく言えば奇抜なことを考えて人を驚かせることで、『作庭記』の著者は、庭に風流を持ち込むことを頑なに拒んでいます。（207〜208・309〜311・384〜387行目参照）

646 （およはさることおほし）但近来此事委し[1]
647 れる人なしたゝ生得の山水なんとをみ
648 たるはかりにて禁忌をもわきまへすをし
649 てする事にこそ侍めれ高陽院殿[2]修造の時
650 も石をたつる人[3]みなうせてたま〳〵さも
651 やとてめしつけられたりしものもいと御
652 心にかなはすとてそれをはさる事にて
653 宇治殿御みつから御沙汰ありき其時には
654 常参て石を立る事能々見きゝ侍りき

訳文　但し、近頃ではこういうことに精通している人はいません。ただ自然の風景などを見ただけで、禁忌さえも分からず強引に庭造りをしているようでございます。高陽院を修造する時も、石を組める人はもう皆いなくなっていて、たまたまこの人はと思って呼び寄せられた者もそれほどにはお気に召さないと、そんな事情からそれもやむを得ぬこととして、宇治殿がご自身でお指図をされたのでした。そういう折には常にお伺いして、石を組む仕事について十分に見聞を広めてまいりました。

注(1)その文書（秘伝書）に書かれている内容。
(2)元高陽(かや)親王（恒武天皇の皇子）の私邸と隣接する二町とを、藤原頼道（宇治殿）が入手し整備拡充した四町の

大邸宅。

(3)対比を示すので、係助詞の「は」を補うべきだろう。

解説 指示代名詞「それ」は、時には後出の語や文を指すこともあり、本文の「それ」(652行目)は、次の行の「御沙汰」を指します。御沙汰とは、平たく言えば土木工事の現場監督のことで、「其れをば然る事にて」というのは、宇治殿のような高貴な人間が造園のような卑賤な仕事に手を染めることに対しての弁解ですが、これは世間に対する表向きの言い訳で、実のところはと言えば、この時の修造は贅の限りを尽くした自邸への作庭ということもあって、当の本人は喜々として大石を運んだりしていたようです。なお、この「高陽院殿修造の時」は、長暦三年(一〇三九)罹災後長久元年(一〇四〇)落成の第二期の修造と考えられています。

655 そのあひたよき石[1]もとめてまいらせたら
656 む人をそこゝろさしある人とはしらむす
657 るとおほせらるゝよしきこえて時人公卿[2]
658 い下しかしなから[3]辺山[4]にむかひて石[5]をなん
659 もとめはへりける

訳文 その期間に、形の良い石を探して献上する者があればそういう者こそ忠節な人物と認めるのだが、と宇治殿がおっしゃられたという噂話が巷間に広まり、その当時の人間で公卿以下の身分の者は、ことごとく遠くの山まで赴いて名石を探しまわっておりました。

注
(1) 高陽院殿修造の期間。
(2) 中国の九卿(きゅうけい)から出た言葉で、公(こう)と卿(きょう)の総称。「公」は太政大臣と左大臣・右大臣、「卿」は大納言・中納言と参議および三位以上の役人を言う。
(3) 一人残らずの意。
(4) 「辺」は都から遠く離れたという意味。公卿以下の人間がことごとく山に入り、他の者より少しでも良い石を求めて権力者に取り入ろうとする状況下では、とてもではないが、近所の裏山あたりで済ませられる話ではない。……とは言うものの、京都は古来庭石の産地であり、裏山から名石が出ないとも限らないので、この「辺山」という表現には誇張があるだろう。
(5) 高陽院跡から出土した庭石の種類と数は、チャート10・頁岩(けつがん)2・珪岩(けいがん)1・粘板岩1・花崗岩1と報告されている。

八

660 一樹事
661 人の居所の四方に木をうゑて四神具足[1]
662 の地となすへき事
663 経云[2] 家より[3]東に流水あるを青竜とすもし
664 その流水なけれは[4] 柳[5]九本をうゑて青竜
665 の代とす
666 西に大道あるを白虎とす若其大道なけれは[4]
667 楸[6]七本をうゑて白虎の代とす
668 南前[7]に池あるを朱雀とす若其池なけれは[4]
669 桂[8]九本をうゑて朱雀の代とす
670 北後[7]にをかあるを玄武とすもしその岳[9]な[4]

671 けれは檜三本をうゑて玄武の代とすかく[10]
672 のごとくして四神相応の地となしてゐぬ
673 れは官位福禄そなはりて無病長寿なり[11]
674 といへり

訳文　一、庭木について

人の住居の四方に木を植えて四神具足の地相に変えることについて

経書には、家より東に流水があるのを青竜の守る地と見なす。もしその流水がなければ柳を九本植えて青竜の代わりとする。家より西に大通りがあるのを白虎の守る地と見なす。もしその大通りがなければ楸を七本植えて白虎の代わりとする。家より南に池があるのを朱雀の守る地と見なす。もしその池がなければ桂を九本植えて朱雀の代わりとする。家より北に丘があるのを玄武の守る地と見なす。もしその丘がなければ檜を三本植えて玄武の代わりとすると書かれています。このようにして四神相応の地相に変えて住めば、その家の主人は官位福禄が具わって無病長寿だと言われています。

注
(1) 四神相応に同じ。(337行目の注参照)
(2) かくのごとくする根拠を示しただけと思われるので、この引用は671行目の「代とす」までと考えられる。
(3) 中央の方位（家）には「土」が配され、ここは「主人」が守るとされるのだろう。これで五行の五気がすべて揃うことになる。
(4) 已然形で順接の仮定条件を示す用法はこの時代にはまだないとされる。「けり」の未然形は存在しないので、「無くは(わ)」と係助詞を使って読み下すべきだろう。

(5) ヤナギ科の落葉高木「枝垂れ柳」と考えられている。

(6) ノウゼンカズラ科の落葉高木「木豇豆（きささげ）」と考えられている。

(7) 右に寄せて書かれていて、東・西にはそれに対応する語が添えられていないので、傍注と見てよいだろう。

(8) クスノキ科の常緑高木「肉桂（にっけい）」と考えられている。

(9) 前の指示代名詞「その」が同行の「をか」を指すので、「丘」の誤写だろう。

(10) 連体形なので、「かくのごとく」と連用形にすべきだろう。

(11) 官職と位階および幸福と俸禄（給料）。

解説　玄武の代わりにする木は疑問とされています。『谷村家本』の文字は、従来は檜の略字「桧」と解読されてきましたが、檜が中国に自生しないことなどから今は否定されているようです。異本と校合しますと、『群書類従本』『山水抄』『無動寺乙本』には、いずれも「棯（ねん・じん）」（棗の一種）と書かれていて、『谷村家本』の用字も棯と読むべきだと言う人もいます。しかし、この文字は、よく見ると「槍」と書かれているように見えます。もちろん、これは樹種を示しますので、槍（やり）であるはずはありませんが、『くずし字用例辞典』（東京堂出版）に例示されている愴・搶・槍・艙などの文字の旁（つくり）には共通のくずし方があり、筆の太さこそ違いますが、『谷村家本』の用字もこのくずし方と酷似していて、やはり「槍」と書かれているように見えます。ところで、何の関連もないと思われるこの二つの文字には奇しくも共通の訓が存在するようです。「槍」は、その古訓が「うつぎ」で、『類聚名義抄』にも記載があると言い、

「梌」は、難訓として漢和辞典に「梌小野（うつぎおの）・梌畑（うつぎはた）」の二例が示されています。四神相応に供される樹種の選択に関しては、その根拠が明示されていませんのでこれ以上の考察はできませんが、参考のため、この「空木説」を裸のまま提示しておきます。

参考　安倍晴明の著とされる『簠簋内伝（ほきないでん）』の「四神相応地」の条には、「東有流水日青龍、南有沢畔日朱雀、西有大道日白虎、北有高山日玄武、右此四物具足、則謂四神相応地、尤大吉也」とあり、四神が一つでも欠けていた場合の対処法としては、「東に流水が無ければ柳九本を、南に沢畔が無ければ桐七本を、西に大道が無ければ梅八本を、北に高山が無ければ槐六本をそれぞれ植えれば良い」と書かれているそうです。（木場明志（あけし）『陰陽五行』淡交社）

参考　「漢字は、中国大陸から渡ってきた文化で、多くの植物の名前も、日本古来からの呼び方に字をあてはめる場合は、中国の植物の漢名を応用することが普通であった。しかし、中国と日本とで同じ植物が共通した場合は、問題はないが、中国と日本では同じ植物がない時や、あるいは漢名を誤って違う植物にあてはめたことなどもあって、植物の漢字表記については、現代にいたっても混乱が残っている。ここ（『作庭記』）にあげられた樹種も、漢名による中国産の樹木の名称であって、日本の樹木の用字とは必ずしも一致しない。」（足田輝一（てるかず）『樹の文化誌』朝日新聞社）

675
凡樹は人中天上の荘厳也[1]かるかゆへに孤

676
独長者か[2]祇洹精舎をつくりて[3]仏にたて

677 まつらむとせし時も樹のあたひにわつらひ
678 きしかるを祇陀太子の思やういかなる孤独
679 長者か黄金をつくしてかの地にしきみて、
680 そのあひた[4]として精舎をつくりて尺尊[5]に
681 たてまつるそや我あなかちに樹の直を
682 とるへきにあらすた、[6]これを仏にたて
683 まつりてむとて樹を尺尊[5]にたてまつり
684 をはりぬかるかゆへにこの所を祇樹給孤
685 独薗となつけたり祇陀かうゐ[7]にき孤独
686 かそのといへるこ、ろなるへし

訳文　一般に、木は人間の世界では最高級の装飾品です。だから、孤独長者が祇園精舎を造り釈迦に献上しようとした時も、木の値段に悩まされたのでした。けれども祇陀太子の心の内は、一体どこの孤独長者がありったけの黄金をあの土地に敷き詰めて、その代価に得た土地に精舎を造りお釈迦様に献上しようというのか。私は決して木の代金までも請求するつもりではない。これは私の方から直接釈迦に献上することにしようと言って、あの土地に植えられている木を皆お釈迦様に献上されてしまいました。このような訳で、この所を祇樹給孤独園と名付けたのです。祇陀太子が木を植えた所に孤独長者が開いた園といった意味なのでしょう。

注(1)木は人間の世界では最高級の装飾品だ。……だから、値段が高いという意味。
(2)「祇園精舎」　古代インドの摩訶陀国(まがだ)の須達(しゅだつ)（孤独長者）が、舎衛国(しゃえ)の祇陀太子の所有する林園を買い取って、釈迦とその弟子のために建てた説法・修行の道場。
(3)悟を開いた者（仏陀）の意だが、特に釈迦を指すことが多い。

(4)『群書類従本』『山水抄』『無動寺乙本』から「あたひ」(価)の誤写と分かる。
(5)「釈尊」の略記だろう。
(6)直に、直接にの意。
(7)終止形なので、「植ゑにし」と連体形にすべきだろう。

687 秦始皇か書を焼き儒をうつみしときも
688 種樹の書おはのそくへしと勅下したり
689 とか
690 仏の丶りをとき神のあまくたりたまひ
691 ける時も樹をたよりとしたまへり人屋尤
692 このいとなみあるへきとか

訳文　秦の始皇帝が国中の書物を焼き捨て儒者をことごとく生き埋めにした時も、植栽に関する書物は除くようにとの仰せを下されたとか。釈迦が仏法を説き神が降臨される時も、木を拠り所にされました。人家にはとりわけこの仕事が必要なのだとか。

注(1)秦の国の初代皇帝。郡県制による中央集権体制を布いて、度量衡の制定・貨幣の統一・文字の簡略化などを行う一方、万里の長城や数々の宮殿などを造って威を天下に示した。
(2)「焚書」始皇帝は、徹底した法家思想に基づき、学問の自由を弾圧するために国中のすべての書物を没収して焼き捨てたが、医薬・卜筮・種樹の書などはその対象から除外された。
(3)「坑儒」始皇帝は、方士の説く神仙思想に熱中し、あらゆる手段を講じて不老不死の仙薬を探し求めさせたが、やがて彼らに欺かれていたことを知り、怒りのあまり、方士のみならず諸生も同類と見なして四五〇人以上を穴埋めにして殺した。

(4)木を植えること。

(5)仏が法を説いた木は学林樹木と言われ、仏典に多く登場するのはウルシ科の常緑高木菴摩羅(あんまら)(マンゴー)だそうだ。神の天降る形態には神籬(ひもろぎ)型と磐座(いわくら)型とがあり、神籬型は、一般に、榊の木などを地面に立てて降臨する神の依り代とするものとされる。

693 樹は青竜白虎朱雀玄武のほかはいつれ[1]

694 の木をいつれの方にうへむともこゝろにまか

695 すへし但古人云東には花の木をうへ西に

696 はもみちの木をうふへし

697 若いけあらは島には松柳釣殿のほとりには

698 かへてやうの夏こたちすゝしけならん

699 木をうふへし

訳文　庭木は、青竜・白虎・朱雀・玄武の代わりに植える木のほかは、どの木をどの方角に植えようと思うようになせばよいでしょう。但し、昔の人が言うには、東には花の咲く木を植え、西には紅葉する木を植えろということです。もし池があるのなら、島には松や柳を、釣殿の付近には楓のような夏の木立が涼しげになりそうな木を植えなさい。

注(1)平安時代に好まれた庭木を『源氏物語』から抜き出すと、多い順に「楓・松・桜・梅・藤・山吹・橘・竹・柳・

榊・杉・樒（しきみ）・桂・空木・栗・梨」となるそうだ。（進士五十八『日本庭園の特質』東京農業大学出版会）

700 槐[1]はかとのほとりにうふへし大臣の門に
701 槐をうゑて槐門[2]となつくること大臣は
702 人を懐[3]て帝王につかうまつらしむへきつ
703 かさとか

訳文　**槐は門の付近に植えなさい。大臣の家の門に槐を植えて槐門と名付けるのは、大臣は人を手なずけて君主に仕えるようにさせる役職だからだとか。**

注(1) マメ科の落葉高木。中国の吉祥の縁起木で、この木を植えると出世すると言われ、また出世するたびにこの木を植えるとも言われる。

(2) 三公の別称。中国の周代に、朝廷の外朝の庭に三本の槐の木を植えて三公の着く位置を示した故事に準えて、太政大臣・左大臣・右大臣の総称として使われる。

(3) 漢和辞典には「槐之言ハ懐也」（槐の意味は懐と同じだ。）とあるので、音通関係が成立していたようだ。

704 門前に柳をうふること由緒[1]侍か但門柳は
705 しかるへき人若は時の権門[2]にうふへきとか
706 これ[3]を制止することはなけれとも非人[4]
707 の家に門柳うふる事はみくるしき事
708 とそ承侍し

訳文　門前に柳を植えることには何かいわれでもあるのだろうか。但し、門柳はそれ相応の身分の者、またはその時の権門の家に植えるべきだとか。これを差し止めることはできませんが、卑しい身分の者の家に門柳を植えるのは見苦しいことなのだとお伺いしました。

注⑴柳は多くの文人に好まれた植物で、ことに陶淵明は門前に五本の柳を植えて「五柳」と号していたが、後世多くの隠逸詩人がそれを真似て門前に柳を植えたという。但し、これが由緒かどうかは分からない。

⑵官位が高く、権勢のある家柄。

⑶この指示代名詞も、後出の語句、即ち「非人の家に門柳を植うる事」を指す。分かりやすく換言すれば、非人の家に門柳を植えてはいけないというのではないが、そうすることは社会通念上好ましい行為とは思われていないという意味。

⑷辞書には「罪人・世捨人・極めて貧しい者などを指す」と書かれている。

解説　門柳には他の植栽法にはない決定的な違いがあります。それは、木を門前に、即ち他人の土地に植えるということです。非人の家に憚られてしかるべきと思います。

709　つねにむかふ方にちかくさかき[1]をうふること
710　とはは丶かりあるへきよし承こと侍りき
訳文　主人が常に顔を向ける方向の近くに榊を植えることは慎むべきだという話をお伺いしたことがござい

ます。

注(1)ツバキ科の常緑亜高木。古くから神木とされ、無闇に切ったり燃したりすると災難が起こると言われる。

解説　本文の「常に向かふ方」は、『山水並に野形図』に「主人ノ（ツネニ）向方」という表現が三度使われていることから、同様に「主人の常に向かふ方」と解してよいと思います。また、同書には「ツネニ見方」という表現も使われていて、この両者は同一の趣旨の文中に混在して用いられています。ということは、この「向かふ方」と「見る方」は同じ意味を表すと考えられます。したがって、本項の趣意を平明に言うと、主人の目に付きやすい所に榊を植えることは慎みなさいということになります。

711 門の中心にあたるところに木をうふる事は、
712 かるへし閑の字になるへき[1]ゆへなり

訳文　**門の中心に当たる所に木を植えることは慎みなさい。閑の字と同じになるからです。**

注(1)禁制の理由付けに推量の助動詞は不適当だ。715・718行目と同様に「成る由也」と読み下すべきだろう。

713 方円なる地の中心に樹あれはそのいゐのあ
714 るし常にくるしむことあるへし
715 方円の中木[1]は困の字な[2]るゆへなり
716 又方円地の中心に屋をたてゝゐれ[3]はその家
717 主禁せらるへし方円中に人字あるは[1]囚獄
718 の字なる[2]ゆへなり如此事にいたるまても

719 用意あるへきなり

訳文　方形または円形の土地の中心に木を植えると、その家の主人は常に苦しむことになります。方円の中に木があると困の字と同じになるからです。また、方円の土地の中心に家屋を建てて住むと、その家の主人は拘禁されてしまいます。方円の中に人の字があると囚獄の囚の字と同じになるからです。このようなことに至るまでも配慮をして木を植えなければなりません。

注(1)順接の確定条件を示すので、「中に〜有れば」と読み下すべきだろう。
(2)変化の結果を示すので、「字に成る」と格助詞を補うべきだろう。
(3)他の例に倣い、「ゐぬれは」(居ぬれば)と完了形で読み下すべきだろう。

九

720 一泉事
721 人家に泉はかならすあらまほしき事也[1]
722 暑をさること泉にはしかすしかれは唐人必
723 つくり泉をして或蓬莱をまなひ或け[2]
724 たもの丶くちより水をいたす天竺にも須[3]
725 達長者祇洹精舎をつくりしかは堅牢地[4]
726 神来て泉をほりきすなはち甘泉是也[5]
727 吾朝にも聖武天皇東大寺をつくりたまひ[6]
728 しかは小壬生明神泉をほれり羂索院の[7][8][9]
729 閼伽井是也このほかの例かすへつくす
730 へきにあらす

訳文　一、泉について

人家に泉は必ずあってほしい事項です。暑気を払うのに泉に及ぶものはありません。だから、中国人は必ず作泉をこしらえて、あるいは蓬萊山を模倣したり、あるいは獣の口から水を吐き出させたりするのです。インドでも、須達長者が祇園精舎を造っていたら堅牢地神がやって来て泉を掘りました。甘泉という泉がこれです。わが国でも、聖武天皇が東大寺を造られていたら遠敷明神が来て泉を掘りました。羂索院にある閼伽井がこれです。このほかにも数え切れないほどの例があります。

注
(1) 必ずあってほしい事項、即ち必須アイテムの意。
(2) 蓬萊山のこと。中国で、はるか東方の海上にあって、仙人が住み不老不死の仙薬があるとされる霊山。戦国時代に、渤海(ぼっかい)沿岸の方術家たちが海上に浮かぶ蜃気楼から神仙説を唱え始めたといわれる。「蓬萊を学ぶ」は、泉を海に見立てて、その中に太湖石のようなもので蓬萊山を象ったのだろう。
(3) 「然れは」という接続語を介して結論を導いているので、文末は断定の助動詞で締めるべきだろう。
(4) 「地天(じてん)」 インド神話に登場する大地をつかさどる女神のことで、仏教に取り入れられて十二天(護法神)の一つになった。
(5) 過去の助動詞「き」は、ある出来事が過去に確かにあったということを強調する時に用いられる。この時点で、堅牢地神の掘った泉は存在しないと考えてよいだろう。七世紀に玄奘(げんじょう)が訪れた時には、精舎はすでに荒廃していたという。
(6) 第四五代天皇(在位七二四~七四九年) 光明皇后の影響を受けて仏教に篤い関心を寄せる天皇は、仏教による国家鎮護をはかろうと、天平一三年（七四一）全国に国分寺を造営することを発願する。東大寺はそれら諸国の国分寺を統括する総国分寺とされる。

(7)現福井県小浜市に鎮座する遠敷(おにゅう)明神。夫婦神で、若狭彦大神(わかさひこのおおかみ)は「日子穂穂手見命(ひこほほでみのみこと)」（山幸彦）、若狭姫大神は「豊玉姫命(とよたまひめ)」と言われる。この伝説には、山幸彦が兄の海幸彦とお互いの道具を交換して漁をしたという『古事記』の説話が反映されていると思われるので、この遠敷明神は若狭彦大神のことだろう。

(8)完了の助動詞「り」は、過去に起こった動作の結果が今も存続していることを表す。したがって、遠敷明神の掘った泉はこの時点でもなお健在であったことが分かる。

(9)「閼伽井」は仏に供える水を汲む井戸のこと。この閼伽井は二月堂の下に現存する「若狭井」のことだが、羂索院は二月堂のことではない。二月堂（上院観音堂）は、十一面観音を祀る御堂で、羂索院と呼ばれたことはなく、その南の三月堂（法華堂）も、不空羂索観音を祀る御堂で、過去に羂索堂と呼ばれたことはあるが、これも羂索院と呼ばれたことはない。「羂索院」とは、特定の建造物を指すのではなく、戒壇院・正倉院などと同じように、二月堂・三月堂などのある一画の土地を指すのだという。

---

731 泉は冷水をえて屋[1]をつくりおほいつゝを
732 たて[2]簀子をしく常事なり冷水あれとも
733 その所ろ[3]泉にもちゐむこと便宜あしくは
734 ほりなかして泉へ入へしあらはにまかせ
735 いれたらむ念なくは地底へ箱樋を泉の中へ[4]
736 ふせとおしてそのうへに小つゝをたつへき

737 なり若水のありところ泉より高き所に

738 あらは樋を水のいるくちをは高てすゑ

739 さまをは次第にさけてそのうゑに中つゝを

740 すふへしたゝしそのつゝのたけを水のみ

741 なかみの高さよりは今一寸さけつれはその

742 水つゝよりあまりいつるなりふせ樋は久あら

743 しめむとおもはゝ石をふたをゝいにふす

744 へしもしはよく〳〵やきたるかわらも

745 あしからす

訳文　泉は、冷水を見つけて、建物を造り・大井筒を建て・簀の子を敷くのが通例です。冷水が見つかってもその所を泉にするのが不都合であれば、泉にしたい所まで地面を掘って水を流し入れるようにしなさい。あからさまに水を引き入れたようにしたくないのなら、地面の中に箱樋を泉の中まで伏せ通して、その上に口径の小さい管（パイプ）を立てるようにします。もし冷水の水位が泉よりも高いのであれば、樋を、取水口の部分を高めその先を次第に下げて泉の中まで通して、その上に中ぐらいの口径の管を据えなさい。但し、その管の高さを水の給水口の高さよりももう少し低くすれば、その水は管からあふれ出します。伏樋を長持ちさせたいと思うのなら、石を蓋のカバーとしてかぶせなさい。または、十分に焼成した瓦を代用しても悪くはありません。

注(1)この時代、邸内の泉の湧く所に建物が造られることもあったようだが、その呼び名については定説がない。

(2)「建て」　767行目には「筒を建立して」と書かれている。

(3)対象を示す格助詞「を」の誤写だろう。

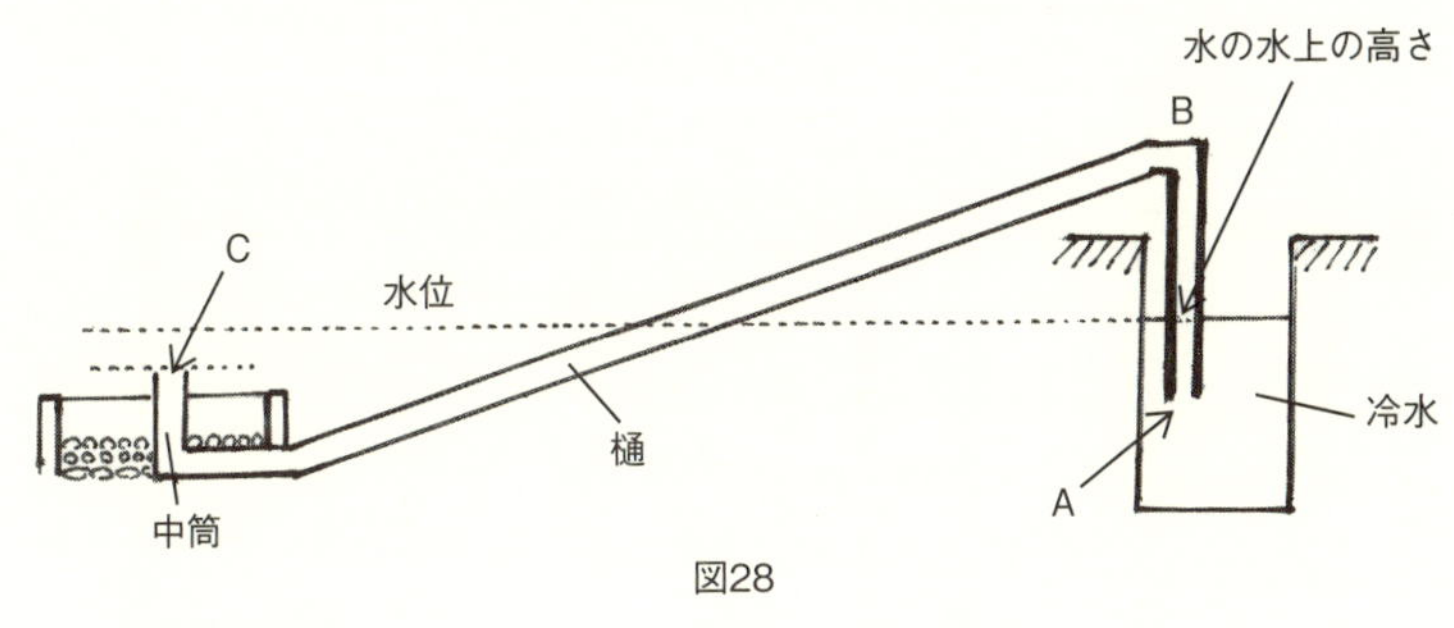

図28

(4)同一文中に方向を示す同じ格助詞が二つあると文意が掴みにくくなるので、副助詞の「まで」に換えた方がよいだろう。
(5)冷水の水位のことを言っているようだ。
(6)同行の「伏樋」は「有らしめむ」の対象を示しているので、格助詞の「を」、または連語の「をば」の誤りだろう。

解説　長短のある細い曲管を逆さにし、短い方の管から取り入れた液体を長い方の管へ流出させる装置をサイフォンと言いますが、737〜742行目に記載のある泉の給水法は、このサイフォンの原理を応用したものです。その概要は図28に示した通りです。言及のない樋の取水部（図の太線）を高める度合いは、大気圧が一気圧の時水は一〇メートルまで上げられる（但し、管の太さには限界がある）という通説がありますので、特に考慮する必要はないと思います。740〜741行目に書かれている「水の水上の高さ」というのは、「水の在所」、即ち冷水の水位と同じ高さのことです。

また、このサイフォンの起動については次のような方法が考えられます。まず、樋の最高部（図28のB）に穴を開けて開閉弁を作ります。次に、水の入口（図28のA）と出口（図28のC）とを塞ぎ、Bの弁を開けて樋の中へ水を注入します。樋の中に水が満たされたら、Bの弁を閉じて、水の入口（A）と出口（C）とを同時に開放します。こうすれば、水は重力の大きい長い樋の方へ流れ出して泉へ冷水を供給することができます。給水を止めたい場合は、Bの弁を開けて樋の中へ空気を送り込めば、このサイフォンは直ちにその作用を停止します。但し、この装置を機能させるためには、大前提として、樋の気密性が完全に確保されなければなりません。肝心な樋の素材や構造、ならびに施工法などについての記述がないのが惜しまれます。

なお、サイフォンの原理は一般に大気圧によって説明されていますが、真空中でも作動することから、この説には以前から疑問が持たれています。

746 作泉[1]にして井の水をくみくれむには井の
747 きはにおゝきなる船[2]を台の上に高く
748 すゑてそのしたよりさきのごとく箱
749 樋をふせてふねのしりより樋のうへ[3]は
750 たけのつゝ[4]をたてとをして水をくみ
751 いるれはをされて泉のつゝより水あま
752 りいてゝすゝしくみゆるなり

訳文　作泉にして井戸の水を汲み入れるには、井戸のすぐ脇に大きな水槽を台の上に高く据えて、その下から前記の通りに箱樋を伏せて、水槽の端から箱樋の上までは竹の管を立て通して水を汲み入れれば、水は押されて泉の管からあふれ出して涼しく見えます。

注(1) 必要な時にだけ水を汲み入れて使用できるようにした泉。
(2) 水槽（タンク）のこと。円筒形のものを桶と言い、箱形のものを槽（ふね）と言う。水の自然落差を利用するこの給水法は、現在の高置タンク式給水法に相当する。
(3) 前に「尻より」とあり、その到達点を示すので、「まで」を補うべきだろう。
(4) 竹の管（パイプ）。孟宗竹の本邦への渡来は江戸時代中期とされるので、真竹が使われたのだろう。真竹の平均的な稈（かん）の直径は一〇センチメートル前後のようだ。

753 泉の水を四方へもらさす底へもらさぬした
754 い先水せきのつゝのいたのとめをすかさす
755 つくりおゝせて地のそこへ一尺はかりほり
756 しつむへしそのしつむる所は板をはき[1]
757 たるもくるしみなし底の土[2]をほりすて
758 てよきはにつちの水いれてたわやかに
759 うちなしたるを厚さ七八寸はかりいれぬ
760 りてそのうへにおもてひらなる石[3]をすきま
761 なくをしいれ〳〵ならへすゑてほしかた
762 めてそのうへに又ひらなる石のこかはら[4]
763 けのほとなるをそこへもいれすたゝなら
764 へをきてそのうへに黒白のけうらなる[5]小
765 石をはしくなり

訳文　泉の水を周囲のどこへも漏らさず底へも漏らさないようにする手順
まず、水をせき止める井筒の止板を隙間ができないように作り上げて地面の中へ一尺（三〇センチメートル）ぐらい掘り入れなさい。その埋まってしまう所は板を継ぎ合わせても構いません。次に、底の土を掘り捨てて、良質の粘土に水を加えて柔軟に打ちなしたものを厚さ七、八寸（二一～二四センチメートル）ぐらい塗り込んで、その上に、上面の平らな石を隙間なく押し込みながら並べ据えて乾燥させて固定し、その上に、また平らな石の小型の土器ほどの大きさのものを底へは押し込めずにただ並べ置いて、その上に、黒や白の清らかな小石を敷きます。

注

(1)「接（は）ぎたる」　補強のために板を接ぎ合わせること。

(2) 施工の手順を示す文章で、754行目に「先づ」とあるので、この前に「次に」を補うべきだろう。

(3) 上面の平らな石。粘土に押し込んで固定するので、下面は平らでない方がよい。

(4) 皿形をした素焼きの土器（どき）のことで、使い捨ての器として酒宴の席などで大量に使用された。京都市内で出土した平安時代後期の土器（かわらけ）は、すべて手づくねで、大きいものは口径一五～一六センチメートル前後、小さいものは九～一〇センチメートル前後の二つに大別できる。（京都埋蔵文化財研究所の資料に拠る）

(5) 平安時代には、清澄で光り輝く崇高な美を表す。

766 一説[1]作泉をは底へほりいれすして地のう
767 へにつゝを建立して水をすこしものこさ
768 す尻へ出すへきやうにこしらふへきなり
769 くみ水は一二夜すくれはくさりてくさく
770 なり虫のいてくるゆへに常に水をかへおと
771 して底の石をもつゝをもよく〳〵あらひて

772 えうある時水をはいる丶なり地上に高く
773 つ丶をたつるにも板をはそこへほりいるへ
774 きなりはにをぬる次第さきのことし板の
775 外のめくりをもほりてはにをはいるへきなり

訳文　ある説によれば、作泉は、地面の中へ掘り入れないで、地面の上に筒を建て上げて、中の水を少しも残さず筒の端から出せるようにこしらえるべきだということです。汲み水は一、二夜過ぎれば腐って臭くなり虫がわいてくるので、常に水を入れ替えて、底の石も筒も十分に洗浄して、使用する時に水を入れるのです。地面の上に高く井筒を建てる時も、止板は地面の中へ掘り入れるようにします。粘土を塗る手順は前記の通りです。止板の外周も土を掘って粘土を塗り入れるようにします。

注(1)引用文を導くので、「一説云」と補うべきだろう。この引用は768行目までで、以下はその理由を補足説明したものと考えられる。

776 簀子をしく事はつ丶の板[1]より鼻すこ
777 しさしいつるほとにしく説あり泉をひ
778 ろくして立板[2]より二三尺水のおもへさし
779 いて丶釣殿のすのこのことくしく説もあり
780 これは泉へおる丶時したのこくらく[3]みえ
781 てものおそろしきけのしたるなり但
782 便宜にしたかひ人のこのみによるへし

訳文　簀の子を敷くことについては、井筒の板から先端が少し出るほどに敷くという説があります。泉を広くして、立板から二、三尺（六〇～九〇センチメートル）水面上へ乗り出して釣殿の簀の子のように敷くという説もあります。こちらは、泉へ降りてゆく時に下の方が小暗く見えて、ちょっと気味の悪い感じがします。但し、どちらにするかは、造る側の都合に従い造る人の好みによって決めればよいでしょう。

注
(1) 井筒最上部の円筒形の化粧板を指すようだ。
(2) 754行目に書かれている「水塞きの筒の板の止」を指すようだ。
(3)「小暗く」 簀の子が水面を隠すので薄暗くなって下の方がよく見えなくなる。その不安感から、水の底には何かが潜んでいるかもしれないという負の連想が働いて、不気味な気分になる。

783 当時居所より高き地にほり井あれは[1]その井
784 のふかさほりとをして[2]そこの水きはよ
785 り樋をふせ出しつれは樋よりなかれい
786 つる水たゆる事なし

訳文　今現在、住居よりも高い地点に掘り井戸があるのなら、

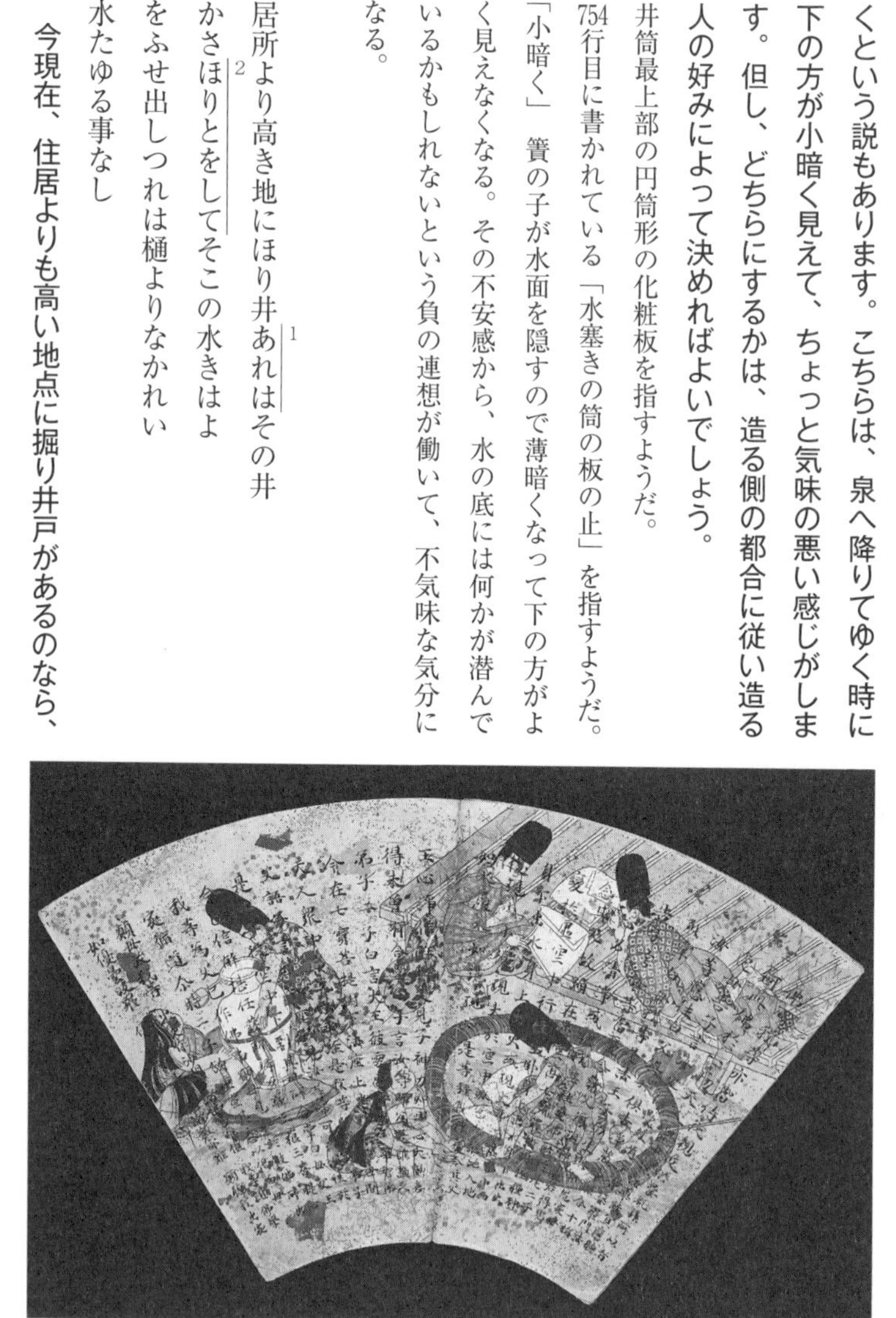

大井筒と簀の子（東京国立博物館蔵「扇面古写経」画像：TNM Image Archives）

泉からその井戸の深さまで地面を掘り通して、井戸の底の水際から箱樋を伏せて水を引き出せば、樋から流れ出る水が絶えることはありません。

注(1)順接の仮定条件を示すので、「あらば」と未然形にすべきだろう。
(2)集水暗渠を掘る意。

十

787 一雑部
788 唐人か家にかならす楼閣あり高楼はさる
789 ことにてうちまかせては軒みしかき
790 を楼となつけ簷[1]長を閣となつく楼は月
791 をみむかため閣はすゝしからしめむか
792 ためなり簷[1]長屋は夏すゝしく冬あた
793 たかなるゆへなり

訳文　一、雑部

中国人の家には必ず楼や閣と呼ばれる建物があります。どちらも高層の建築物であることに変わりはありませんが、概して言えば、軒の短いものを楼と呼び、軒の長いものを閣と呼んでいます。楼は月を見るためのもの、閣は涼を取らせるためのものです。軒の長い家屋は夏涼しく冬暖かいからです。

注(1)軒と同意。内陸性の気候で夏むし暑く冬底冷えのする京洛では、家屋の軒は長くするのが当然だが、それでも、月を愛でる風流心が勝るのなら短くしろと言う趣意と思われる。

(了)

ワ行

◎お詫び

本書にある引用文は、要点を簡潔に述べる必要から、原文のまま提示できなかった場合や、要約に変えさせて頂いた場合もあります。ご了承下さい。

表紙写真：大覚寺（旧嵯峨院）庭園
裏表紙写真：毛越寺庭園の池中立石

ハ 行

マ 行

ヤ 行

タ行

ナ行

索引（谷村家本の行数）

ア行

カ行

サ行

著者　波多野　寛（はたの　ひろし）
1949年東京生まれ。1971年日本大学文理学部卒。
庭園愛好家。ある日突然庭園美に目覚め、以来
25年庭めぐりの旅を続ける。
現在は日本庭園協会に所属する。埼玉県川越市在住。

秘伝書を読む「作庭記」
寝殿造りの庭と文化

NDC629

2015年3月31日　発　行

著　者　波多野 寛
発行者　小川雄一
発行所　株式会社 誠文堂新光社
〒113-0033 東京都文京区本郷3-3-11
（編集）電話03-5800-5779
（販売）電話03-5800-5780
http://www.seibundo-shinkosha.net/

印刷所　星野精版印刷 株式会社
製本所　和光堂 株式会社

ISBN978-4-416-91500-4